WISSENSCHAFTLICHE FORSCHUNGSBERICHTE
NATURWISSENSCHAFTLICHE REIHE
HERAUSGEGEBEN VON

DR. WERNER BRÜGEL und PROF. DR. ROLF JÄGER †
Ludwigshafen/Rhein   Bad Homburg v. d. H.

BAND 73

INTERFERENZSCHICHTEN-MIKROSKOPIE

DR. DIETRICH STEINKOPFF VERLAG
DARMSTADT 1970

WISSENSCHAFTLICHE FORSCHUNGSBERICHTE

INTERFERENZSCHICHTEN-MIKROSKOPIE

VON

DR. WERNER PEPPERHOFF

UND

DR. HANS-HEINRICH ETTWIG

Mannesmann-Forschungsinstitut, Duisburg-Huckingen

Mit 44 z. T. farbigen Abbildungen in 59 Einzeldarstellungen
und 1 Tabelle

DR. DIETRICH STEINKOPFF VERLAG

DARMSTADT 1970

Alle Rechte vorbehalten

Kein Teil dieses Buches darf in irgendeiner Form (durch Photokopie, Xerographie, Mikrofilm oder ein anderes Verfahren) ohne schriftliche Genehmigung des Verlages reproduziert werden.

Copyright 1970 by Dr. Dietrich Steinkopff, Darmstadt

ISBN-13:978-3-7985-0316-8   e-ISBN-13:978-3-642-72301-8
DOI: 10.1007/978-3-642-72301-8

Zweck und Ziel der Sammlung

Als RAPHAEL EDUARD LIESEGANG am 13. November 1947 starb, lagen 57 Bände der Sammlung vor, die er gegründet und mehr als ein Viertjahrhundert lang herausgegeben hatte.

Brücken zu schlagen zwischen den einzelnen Teilgebieten von Naturwissenschaft und Medizin, ist das Ziel der „Wissenschaftlichen Forschungsberichte". Schon unter LIESEGANGS Herausgeberschaft wandelten und erweiterten sich Charakter und Absichten der Sammlung. Die ersten Bände erfaßten in Form kritischer Sammelreferate die Literatur einzelner Disziplinen aus der Zeit des ersten Weltkrieges. Später folgten monographische Darstellungen junger, inzwischen selbständig gewordener Zweige der Wissenschaft und neuer Methoden, die auf vielen Teilgebieten naturwissenschaftlicher Forschung allgemeine Bedeutung erlangt hatten.

Verlag und Herausgeber bemühen sich, die „Wissenschaftlichen Forschungsberichte" im Geiste LIESEGANGS weiterzuführen, und sie sind überzeugt, daß der Sinn dieser Tradition gerade darin besteht, die Sammlung so lebendig und wandlungsfähig zu erhalten, daß sie die Forderungen des Tages zu erfüllen vermag.

Physikalische Meßmethoden werden heute auf vielen weit auseinanderliegenden Teilgebieten der Naturwissenschaft, der Medizin und der Biologie angewandt. Wo gemessen wird, da ist Physik. Die Brücken, die die Einzeldisziplinen verbinden, sind heute zu einem guten Teil die allgemein angewandten physikalischen Methoden. Sie sollen in künftigen Bänden unserer Sammlung so dargestellt werden, daß der Physiker findet, was er braucht, also theoretische Grundlagen, Kenntnis der apparativen Hilfsmittel und eine Übersicht über die wichtigste Literatur. Der Nicht-Physiker soll aber soviel über die Grundlagen, Anwendungsmöglichkeiten und Grenzen finden, daß er die Meßergebnisse der Physiker interpretieren und für seine Wissenschaft verwenden kann.

April 1956

Die Herausgeber:

WERNER BRÜGEL
Ludwigshafen/Rhein

ROLF JÄGER†
Bad Homburg v. d. H.

Vorwort

Die Optik dünner Schichten hat zahlreiche Anwendungen in Physik und Technik gefunden. In der vorliegenden Schrift wird über ein neueres Anwendungsgebiet berichtet: die Ausnutzung der Interferenzerscheinung dünner Schichten zur Beobachtung mikroskopischer Strukturen. Die Bezeichnung „Interferenzschichten-Mikroskopie" beinhaltet diese mikroskopische Methodik.

Damit ein mikroskopisches Bild die gewünschte Information liefert, bedarf es verschiedener Kunstgriffe, die einmal darin bestehen können, daß chemische Eingriffe am Untersuchungsobjekt vorgenommen werden (Färbe- und Ätzmethoden). Zum anderen bedient man sich zur „Strukturentwicklung" optischer Verfahren durch einen Eingriff in den mikroskopischen Strahlengang (Phasenkontrast-, Interferenzmikroskopie). Die Interferenzschichten-Mikroskopie nimmt insofern eine Sonderstellung unter den lichtmikroskopischen Verfahren ein, als — unter Verzicht auf jeglichen chemischen Eingriff — ein „optischer Eingriff" am Mikroskoppräparat erfolgt, indem dieses selbst zu einer Interferenzanordnung mit Hilfe aufgedampfter Interferenzschichten umgestaltet wird.

Nachdem die Interferenzschichten-Mikroskopie inzwischen zahlreiche Anwendungen gefunden hat, darf festgestellt werden, daß sie nicht nur eine nützliche Ergänzung der herkömmlichen mikroskopischen Methoden bildet, sondern in vielen Fällen sich als überlegen erwiesen hat.

Die allgemeinen Gesetzmäßigkeiten der Optik dünner Schichten auf nichtabsorbierenden und absorbierenden Trägern werden lediglich in einem solchen Umfang abgehandelt, wie es zum Verständnis des Verfahrens notwendig erscheint, und die Erfolge, die mit Hilfe des Verfahrens erzielbar sind, werden durch eine angemessene Anzahl Mikrophotographien (einige im Farbdruck) demonstriert.

Duisburg, Frühjahr 1970

WERNER PEPPERHOFF

Inhalt

Zweck und Ziel der Sammlung	V
Vorwort	VI
I. **Einleitung**	1
II. **Optik der Interferenzschichten auf absorbierenden Oberflächen**	2
a) Beeinflussung der Amplitudenunterschiede	5
b) Beeinflussung der Phasenwinkelunterschiede	10
c) Einfluß der Objektivapertur	13
d) Absorbierende Interferenzschichten	14
III. **Durchführung des Verfahrens**	17
a) Bemerkungen zur Schliffvorbereitung	17
b) Das Aufdampfen	18
IV. **Beispiele für die Gefügeentwicklung**	23
(Hellfeldbeobachtung)	
V. **Quantitative mikroskopische Untersuchungen mit Hilfe aufgedampfter Interferenzschichten**	31
a) Die Bestimmung optischer Konstanten	32
b) Messung von Phasenwinkelunterschieden	36
VI. **Mehrschichtensysteme**	39
a) Zur Optik von Mehrschichtensystemen auf absorbierenden Oberflächen	39
b) Aufbau und Wirkung von Vierfachschichten	41
VII. **Mikroskopie dünner Phasenobjekte mittels Durchlichtinterferenzfilter**	47
VIII. **Das Interferenzschichten-Verfahren in der Polarisationsmikroskopie**	50
a) Gewöhnliche Doppelbrechung	50
b) Verstärkung der gewöhnlichen Doppelbrechung durch Interferenzschichten	53
c) Rotationsdoppelbrechung	56

IX. **Polarisationsmikroskopische Beobachtung magnetischer Bereiche** 57
  a) Magnetische Strukturen und magnetooptische Effekte 57
  b) Beobachtung ferromagnetischer Elementarbereiche 58
  c) Beobachtung antiferromagnetischer Bereiche 73

X. **Ferromagnetische Halbleiter als Interferenzschichten** 75
  a) Beobachtung von Supraleitungsstrukturen 75
  b) Weitere Anwendungsmöglichkeiten 76

  Literaturnachweis 78

I. Einleitung

Unter der Voraussetzung, daß das abbildende mikroskopische System mit ausreichender Näherung frei von Abbildungsfehlern ist, entwirft ein Mikroskop eine „objekttreue" vergrößerte Abbildung des Gegenstandes. Inhalt und Aussagewert eines mikroskopischen Bildes sind bei gegebener Auflösung ausschließlich durch die Art der Wechselwirkung zwischen der Materie des abzubildenden Objektes und der die Abbildung vermittelnden Strahlung bestimmt. Bei der Reflexion bzw. beim Lichtdurchtritt kann das Licht in verschiedener Weise beeinflußt werden:

1. Durch Absorption wird die *Amplitude* des Lichtes mehr oder weniger stark verringert:
   a) im monochromatischen Licht erscheinen verschiedene Objektelemente in verschiedener Helligkeit,
   b) im weißen Licht kann durch selektive Absorption die spektrale Zusammensetzung des Lichtes geändert werden. Verschiedene Objektelemente erscheinen dem Beobachter unterschiedlich gefärbt.
2. Die *Phase* (anschaulich die Form der auf das Objekt fallenden Wellenfronten des Lichtes) erfährt bei der Reflexion bzw. beim Durchtritt eine Änderung. Dabei kann
   a) die Gestalt der Wellenfronten von der Schwingungsrichtung des einfallenden Lichtes unabhängig bzw.
   b) abhängig sein (Doppelbrechung).

Auf Amplitudenunterschiede zwischen verschiedenen Objektelementen sprechen sowohl das Auge als auch photographische Emulsionen und photoelektrische Empfänger unmittelbar an, während Phasenunterschiede, die vom abbildenden mikroskopischen System ebenso übertragen werden, nicht unmittelbar sichtbar sind. Sie bedürfen besonderer Maßnahmen, um „sichtbar" zu werden, d. h. um sie in Amplitudenunterschiede umzuwandeln. Eine indirekte Methode besteht in einer „chemischen" Präparationsmethode durch selektive Anfärbung der einzelnen Objektelemente. Eine direkte Umwandlung in Amplitudenunterschiede durch optische Maßnahmen besteht in bestimmten Eingriffen in den Strahlengang des normalen Mikroskops. Sie haben zur Entwicklung der erfolgreichen „Phasenkontrastmikroskopie" geführt, deren Bedeutung vor allem in der Mikroskopie lichtdurchlässiger Objekte liegt.

Reine „Amplituden-" bzw. „Phasenobjekte", bei denen nur Amplituden- bzw. nur Phasenunterschiede auftreten, stellen Grenzfälle dar, die — wie diese Bezeichnungsweise ausdrückt —, selten angenähert verwirklicht sind. Den Phasenobjekten entsprechen am ehesten lichtdurchlässige Substanzen, die nur geringe Helligkeitsunterschiede aufweisen, während bei absorbierenden Medien in vielen Fällen die Amplitudenunterschiede überwiegen.

Die Entstehung eines kontrastreichen mikroskopischen Bildes setzt somit ausreichend unterschiedliche optische Eigenschaften, d. h. genügend große Amplituden- und (oder) Phasenunterschiede der einzelnen Objektelemente voraus. Diese Bedingung ist sehr häufig nicht erfüllt, und es bedarf zahlreicher Kunstgriffe, um die verschiedenartigsten Objekte für das jeweils günstigste Mikroskopierverfahren so zu präparieren, daß das mikroskopische Bild die gewünschte Information liefert. In einer Vielzahl von Untersuchungen wurde ein großer Erfahrungsschatz über die jeweils zweckmäßigste „Strukturentwicklung" erarbeitet. Diese am Untersuchungsobjekt vorzunehmenden „Eingriffe" sind zumeist chemischer Natur wie die schon oben erwähnten Färbemethoden. Weitere Beispiele bilden die zahlreichen Ätzverfahren zur Gefügeentwicklung von Werkstoffen, wobei die verschiedene Reaktionsgeschwindigkeit der chemisch oder kristallographisch unterschiedlichen Bestandteile ausgenutzt wird, um ein Oberflächenrelief zu erzeugen oder unterschiedlich dicke oder verschieden gefärbte Deckschichten auf der Oberfläche der Kristallite zu erzeugen.

In der vorliegenden Schrift wird ein Verfahren beschrieben, das *unter Verzicht auf jeglichen chemischen Angriff* auf einer rein optischen Wirkung beruht, indem das Mikroskoppräparat selbst zu einer Interferenzanordnung umgestaltet wird. Die physikalisch interessante Sonderstellung dieses Verfahrens besteht darin, daß durch diese Maßnahme ein sehr wirksamer Eingriff in *die Amplituden- und gleichzeitig in die Phasenstruktur des Präparates* gelingt, eine Wirkung, die mit keinem anderen mikroskopischen Verfahren bisher erreicht werden konnte. Daraus folgt, daß der Informationsgehalt des mikroskopischen Bildes sowohl auf einem Amplitudenkontrast als auch auf einem Phasenkontrast beruht. Zur Anwendung dieses Verfahrens in der Auflichtmikroskopie werden auf die Probenoberfläche Interferenzschichten aufgebracht und auf diese Weise Reflexions-Interferenzfilter aufgebaut. Die Durchlichtmikroskopie erfordert die Einbettung der Präparate in Durchlicht-Interferenzfilter. Dadurch bleibt die Anwendung in der Durchlichtmikroskopie auf sehr dünne Objekte beschränkt, während diese Methode in der Auflichtmikroskopie vielseitige Anwendungsmöglichkeiten finden konnte. Die vorliegende Darstellung ist deshalb vornehmlich dem Interferenzschichten-Verfahren in der Auflichtmikroskopie gewidmet. Dabei werden die allgemeinen Gesetzmäßigkeiten der Optik dünner Schichten auf absorbierenden Stoffen lediglich so weit erörtert, wie es zum Verständnis des beschriebenen Verfahrens notwendig erscheint.

II. Optik der Interferenzschichten auf absorbierenden Oberflächen

Die häufig geringen Amplitudenunterschiede zwischen verschiedenen metallischen und mineralischen Gefügebestandteilen, die oft nur wenige Prozent betragen und damit unterhalb der für ausreichend deutliche mikroskopische Beobachtungen geltenden Wahrnehmbarkeitsgrenze von etwa 5 bis 10% bleiben, und die ebenfalls nur geringen Phasenwinkelunterschiede lassen sich durch die Maßnahme verstärken, das Licht wiederholt an der Oberfläche zu reflektieren. Auf diese Weise tritt ein Kristallit mit etwas höherem Reflexionsvermögen gegenüber einem Bestandteil mit geringerem Reflexionsvermögen mit wachsender Anzahl der Reflexionen immer mehr hervor. Der Gedanke, die Gefügestruktur ohne chemischen Angriff auf optischem Wege durch Mehrfachreflexionen sichtbar zu machen, läßt sich nun in der Weise verwirklichen, daß die polierte Probenoberfläche mit einer interferenzfähigen Schicht bedampft wird (48, 49, 50*). Die Interferometerwirkung einer solchen Schicht besteht darin, daß die durch Interferenz geschwächte Welle an der Grenzfläche Schicht/Metall Mehrfachreflexionen erfährt, als deren Folge eine wirksame Kontraststeigerung auftritt. Diese Verstärkung erfolgt nicht nur hinsichtlich der reflektierten Amplituden, sondern bewirkt auch eine Vergrößerung der Phasenwinkelunterschiede zwischen verschiedenen Gefügebestandteilen.

Zunächst seien die Wirkung einer nichtabsorbierenden Interferenzschicht auf einer absorbierenden Oberfläche und die Bedingungen, die sie erfüllen muß, um die gewünschte Kontrastverstärkung zu erzielen, anhand der Abb. 1 veranschaulicht. Wird eine beschichtete Metalloberfläche mit einem monochromatischen

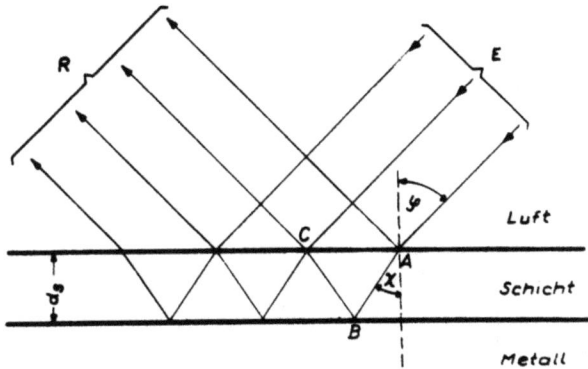

Abb. 1: Zur Wirkung der Interferenzschicht

Lichtbündel E der Wellenlänge λ_{Int} beleuchtet, so überlagern sich im reflektierten Lichtbündel R die beiden von der oberen und unteren Grenzfläche gespiegelten Anteile. Ein Teil des unter dem Winkel φ einfallenden Lichtes wird an der Grenzfläche Luft/Schicht reflektiert (A). Ein anderer Teil wird beim Auftreffen auf die Schicht unter dem Brechungswinkel χ gebrochen und an der Grenzfläche Schicht/Metall reflektiert (B). An der Schicht/Luft-Grenzfläche wird wiederum ein Anteil zurückgeworfen (C); der andere Teil tritt aus und überlagert sich mit der an dieser Grenzfläche reflektierten Amplitude. Dieser Vorgang wiederholt sich, und das Licht bleibt so lange in der Schicht „gefangen", bis es infolge der Durchlässigkeitsverluste an den Grenzflächen bzw. durch Absorptionsverluste in der Schicht aufgezehrt ist. Bei Beleuchtung der beschichteten Oberfläche mit weißem Licht erreicht die Intensität des reflektierten Lichtes bei λ_{Int} ein Minimum und steigt mit zunehmender Abweichung von dieser Wellenlänge zu beiden Seiten hin an. Die Kontrastverstärkung ist umso wirksamer, je mehr die Reflexion durch Interferenz gemindert wird, und der größtmögliche Kontrast zwischen zwei ver-

---
*) Literaturhinweise sind durch runde Klammern gekennzeichnet.

schiedenen Bestandteilen ist dann gewährleistet, wenn für einen Bestandteil die Reflexion vollständig durch Interferenz ausgelöscht wird. Um dies zu erreichen, muß die nichtabsorbierende Interferenzschicht zwei Bedingungen erfüllen:
1. die Phasenbedingung, die fordert, daß die interferierenden Wellen, d. h. die an den Grenzflächen Luft/Schicht und Schicht/Metall reflektierten Wellen, um eine halbe Wellenlänge, d. h. um 180°, gegeneinander phasenverschoben sind.
2. die Amplitudenbedingung, die erfüllt ist, wenn die an der Grenzfläche Luft/Schicht reflektierte Amplitude gleich der an der Grenzfläche Schicht/Metall reflektierten Amplitude ist.

Die Phasenbedingung ist erfüllt, wenn die Dicke der aufgedampften Schicht

[1]
$$\begin{aligned} d_s &= (\lambda/4n_s) + C \text{ Interferenz nullter Ordnung} \\ &= (3\lambda/4n_s) + C \quad ,, \quad \text{erster Ordnung} \\ &= (5\lambda/4n_s) + C \quad ,, \quad \text{zweiter Ordnung} \end{aligned}$$
usw.

n_s bedeutet die Brechzahl der Schicht, und mit $C = (\lambda/4\,n_s)\left(\dfrac{\delta_r}{\pi} - 1\right)$ wird der bei der Reflexion am Metall auftretende Phasensprung δ_r berücksichtigt.

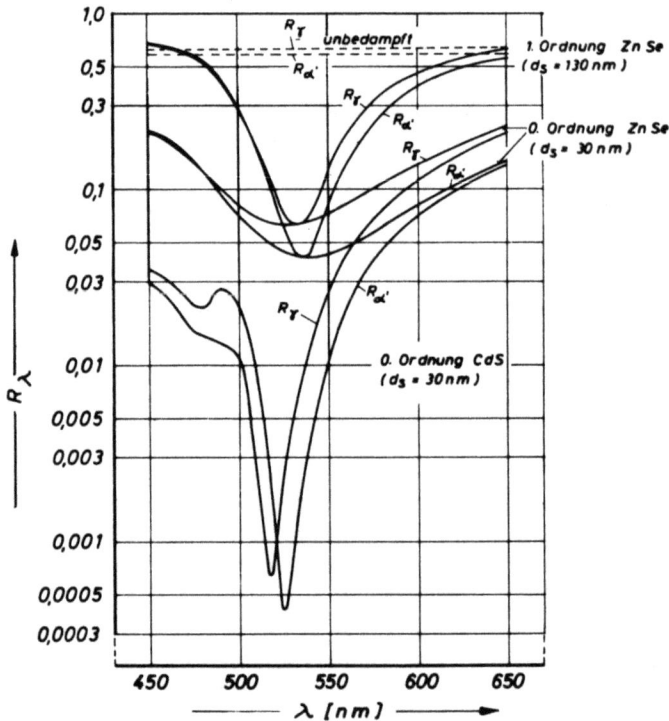

Abb. 2: Spektrales Reflexionsvermögen einer Fe-Ni-Legierung mit 32% Ni

Die Phasenbedingung ist nur für eine bestimmte Wellenlänge erfüllt. Wellenlängen, die von λ_{Int} abweichen, treten nach jeder „inneren" Reflexion wieder mit größerer Amplitude aus, und je größer die Abweichungen von λ_{Int} sind, umso geringer ist die Zahl der Reflexionen. Abb. 2 zeigt am Beispiel des Gefüges einer Eisen-Nickel-Legierung mit 32% Ni, das die kubisch-flächenzentrierte γ-Phase und die kubisch-raumzentrierte α'-Phase enthält, den spektralen Verlauf des Reflexionsvermögens. Die gestrichelten Linien geben das Reflexionsvermögen der metallischen Oberflächen an Luft wieder, die ausgezogenen Kurven das spektrale Reflexionsvermögen der mit einer Zinkselenidschicht bedampften Oberflächen. Die weitgehende Intensitätsschwächung durch Interferenz erfolgt im grünen Spektralbereich bei $\lambda \approx 530$ bis 540 nm, während nach längeren und kürzeren Wellenlängen das Reflexionsvermögen stark ansteigt, so daß die Probenoberfläche bei Beobachtung im weißen Licht in der Komplementärfarbe des ausgelöschten Spektralbereiches, also purpurfarbig, erscheint. Die „Interferenzbande" 0. Ordnung, die in dem angeführten Beispiel bei einer Schichtdicke von 30 nm auftritt, ist grundsätzlich wesentlich breiter als die der 1. Ordnung, da sich Abweichungen von der Phasenbeziehung bei größeren Schichtdicken stärker auswirken. Das Reflexionsvermögen im Interferenzminimum ist unabhängig von der Interferenzordnung unter der Voraussetzung, daß die aufgedampften Schichten völlig lichtdurchlässig sind. Die ebenfalls in Abb. 2 enthaltene, einer absorbierenden Kadmiumsulfid-Interferenzschicht entsprechende Kurve wird später erörtert (s. Abschn. II d).

Inwieweit die Amplitudenbedingung mit nichtabsorbierenden Schichten erfüllt werden kann, zeigt die folgende quantitative Betrachtung (56).

a) Beeinflussung der Amplitudenunterschiede

Das optische Verhalten eines nichtabsorbierenden Stoffes ist durch seine Brechzahl n gekennzeichnet. Die Reflexion an einer nichtabsorbierenden Oberfläche wird durch die FRESNELsche Formel beschrieben. Bei senkrechtem Lichteinfall gilt für das Verhältnis der Amplitude $\mathfrak{E}_r$ des reflektierten Lichtes zur Amplitude $\mathfrak{E}_e$ des einfallenden

[2]
$$\frac{\mathfrak{E}_r}{\mathfrak{E}_e} = -\frac{n - n_0}{n + n_0}$$

(n_0 = Brechzahl des angrenzenden Mediums, für Luft: $n_0 = 1$),
und das meßbare Reflexionsvermögen R ist definiert als Quadrat des Amplitudenverhältnisses:

[3]
$$R = \left[\frac{n - n_0}{n + n_0}\right]^2$$

Bei absorbierenden Stoffen wird außer der Brechzahl eine zweite Konstante, die Absorptionskonstante k, berücksichtigt, indem man die reelle Brechzahl n durch eine komplexe Brechzahl $\mathfrak{n} = n - ik$ ersetzt. Dann gilt für das Verhältnis der komplexen Amplituden:

[4a]
$$\frac{\mathfrak{E}_r}{\mathfrak{E}_e} = -\frac{n - ik - n_0}{n - ik + n_0}$$

[4b] $$= \frac{(n_0^2 - n^2 - k^2) + i\, 2n_0 k}{(n_0 + n)^2 + k^2} = r e^{i\delta_r}.$$

In dieser Gleichung bedeuten der „Betrag" r das Verhältnis $|\mathfrak{E}_r/\mathfrak{E}_e|$ und δ_r den Phasenwinkel zwischen $\mathfrak{E}_r$ und $\mathfrak{E}_e$.

Durch Multiplikation der Gl. [4a] mit dem komplex konjugierten Wert folgt das Reflexionsvermögen

[5] $$R = \left|\frac{\mathfrak{E}_r}{\mathfrak{E}_e}\right|^2 = \frac{(n - n_0)^2 + k^2}{(n + n_0)^2 + k^2}.$$

Zu jedem Reflexionswert R gehört eine Vielzahl von Wertepaaren n und k. Nach einigen Umformungen der Gl. [5] erhält man:

$$k^2 + \left(n - n_0 \frac{1 + R}{1 - R}\right)^2 = 4R\left(\frac{n_0}{1 - R}\right)^2.$$

Diese Gleichung beschreibt Kreise gleichen Reflexionsvermögens mit den Kreismittelpunkten

[6a] $$k = 0,\; n = n_0 \frac{1 + R}{1 - R}$$

und den Radien

[6b] $$\varrho = \frac{2 n_0 R^{\frac{1}{2}}}{1 - R}.$$

Die Gesamtheit der Kreise bildenden Wertpaare n und k ist in Abb. 3 für die Reflexion an Luft durch die ausgezogenen Kreisbogen dargestellt.

Für beschichtete Oberflächen (nichtabsorbierende Schicht mit der Brechzahl n_s auf absorbierendem Träger) lautet die Gleichung für das Amplitudenverhältnis in Abhängigkeit vom optischen Verhalten des Trägers, der Schicht und deren Dicke d_s

[7] $$\frac{\mathfrak{E}_{r_b}}{\mathfrak{E}_{e_b}} = \frac{-r_0 + r_1 e^{-i\alpha}}{1 - r_0 r_1 e^{-i\alpha}}$$

mit $$\alpha = \frac{4\pi n_s}{\lambda} d_s - \delta_r.$$

r_0 ist das Verhältnis der reflektierten zur einfallenden Amplitude an der Grenzfläche Luft/Schicht:

[8a] $$r_0 = \left|\frac{\mathfrak{E}_{r_0}}{\mathfrak{E}_{e_0}}\right| = \frac{n_s - 1}{n_s + 1}$$

und r_1 das Verhältnis der reflektierten zur einfallenden Amplitude an der Grenzfläche Schicht/Metall:

[8b] $$r_1 = \left|\frac{\mathfrak{E}_{r_1}}{\mathfrak{E}_{e_1}}\right| = \sqrt{\frac{(n - n_s)^2 + k^2}{(n + n_s)^2 + k^2}}.$$

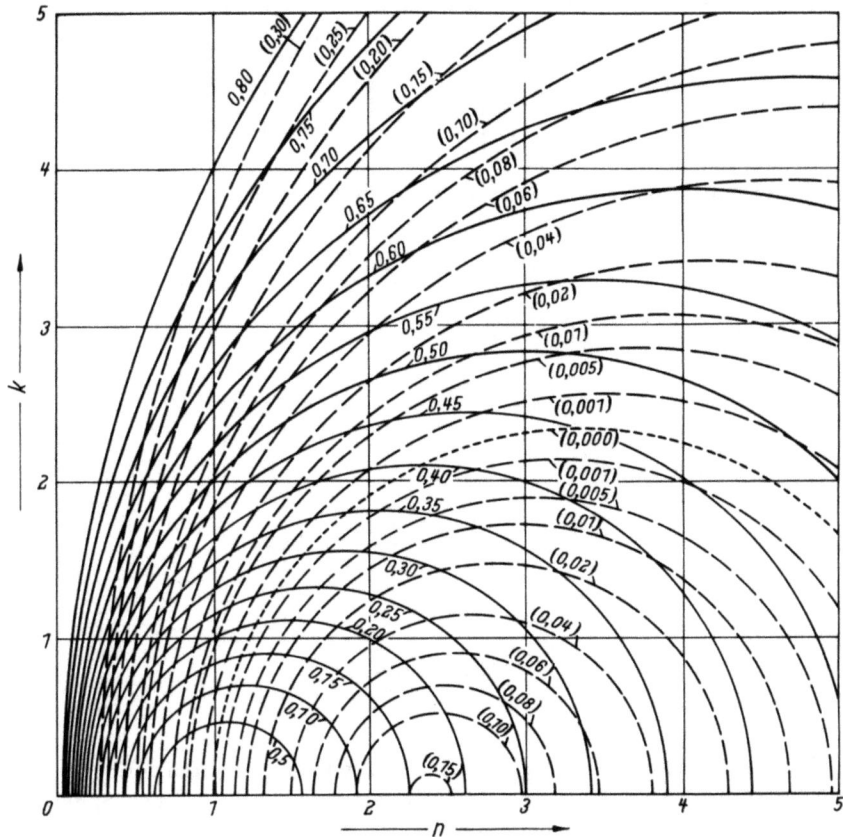

Abb. 3: Zusammenhang zwischen dem Reflexionsvermögen an Luft und im Interferenzminimum und den optischen Konstanten n und k
ausgezogene Kreise: R_{Luft}
gestrichelte Kreise: R_{Min}

Für das Reflexionsvermögen der beschichteten absorbierenden Oberfläche folgt aus Gl. [7]

[9] $$R_b = \left| \frac{\mathfrak{E}_{r_b}}{\mathfrak{E}_{e_b}} \right|^2 = \frac{r_0^2 + r_1^2 - 2r_0 r_1 \cos \alpha}{1 + r_0^2 r_1^2 - 2r_0 r_1 \cos \alpha}.$$

Das Interferenzminimum wird erreicht, wenn $\alpha = 0, 2\pi, 4\pi \ldots$, so daß für das Reflexionsvermögen im Minimum R_{Min} Gl. [9] in der vereinfachten Form

[10] $$R_{Min} = \left[\frac{r_0 - r_1}{1 - r_0 r_1} \right]^2$$

geschrieben werden kann.

Optik der Interferenzschichten

In einem n-k-Diagramm liegen gleiche Werte für R_{Min} ebenfalls auf Kreisbogen, wie Einsetzen von [8a] und [8b] in Gl. [10] und nachfolgendes Umformen zeigen:

$$\left[n - n_s \frac{1 + r_1^2}{1 - r_1^2}\right]^2 + k^2 = \left[\frac{2n_s}{1 - r_1^2}\right]^2 r_1^2.$$

Die Mittelpunkte dieser Kreise sind durch die Koordinaten

[11a] $$k = 0, n = n_s \frac{1 + r_1^2}{1 - r_1^2}$$

gegeben; die Radien betragen:

[11b] $$\varrho = \frac{2 n_s r_1}{1 - r_1^2}.$$

r_1 ist nach Gleichung [4]:

[12a] $$r_1' = \frac{\sqrt{R_{Min}} + r_0}{\sqrt{R_{Min} \cdot r_0} + 1} \quad \text{bzw.}$$

[12b] $$r_1'' = \frac{\sqrt{R_{Min}} - r_0}{\sqrt{R_{Min} \cdot r_0} - 1}.$$

Die Beziehungen zwischen R_{Min} und den optischen Konstanten der bedampften Oberfläche sind in Abb. 3 für eine ZnS-Aufdampfschicht im grünen Spektralbereich ($n_s = 2,39$) durch gestrichelte Kreisbogen dargestellt.

Aus den Kreisscharen dieses Schaubildes kann die Verstärkung der Amplitudenunterschiede, die durch aufgedampfte Interferenzschichten erzielt wird, zwischen optisch unterschiedlichen Bestandteilen unmittelbar abgelesen werden.

(Über den Einfluß unterschiedlicher Phasenwinkel s. S. 12).

So können zwei verschiedene Bestandteile mit den optischen Konstanten $n = 2,0$, $k = 3,3$ bzw. $n = 2,9$, $k = 3,7$ im Hellfeld nicht unterschieden werden, da sie beide ein Reflexionsvermögen von $R = 0,60$ besitzen. Nach einer Bedampfung mit Zinksulfid weisen sie sehr verschiedene Helligkeiten auf; sie unterscheiden sich im Reflexionsvermögen um etwa 40%.

Metalle mit sehr hohem Reflexionsvermögen ($R > 0,8$, z. B. Edelmetalle, Erdalkalien, Al usw.) weisen weit geringere Reflexionsverminderungen auf als die schlechter reflektierenden Übergangsmetalle und deren Legierungen. Ebenso zeigen Stoffe mit kleinem Absorptionskoeffizienten und geringer Brechzahl schwächere Interferenzerscheinungen. Vollkommene Auslöschung durch Erfüllung der Amplitudenbedingung besteht für die Wertepaare von n und k, die durch die punktierte Kreislinie beschrieben werden mit der Mittelpunktskoordinate $n = \frac{n_s^2 + 1}{2}$ und dem Radius $\varrho = \frac{n_s^2 - 1}{2}$. Für diese Grenzkurve, die die n-Achse, unabhängig von der Brechzahl der Schicht, bei n = 1 = n_{Luft} schneidet, ist $r_1' = r_1''$. Die oberhalb dieses Kreisbogens verlaufenden Kurven ergeben sich durch Anwendung von Gleichung [12a]; für sie ist $r_0 < r_1$. Die unterhalb verlaufenden Kurven sind durch [12b] gegeben; in diesem Falle ist $r_0 > r_1$.

Eine Vergrößerung der Schichtbrechzahl verschiebt den Kreisbogen, für den die Erfüllung der Amplitudenbedingung gilt, nach höheren Reflexionswerten, d. h. größere Brechzahlen der Interferenzschicht steigern den Helligkeitskontrast zwischen gut reflektierenden Gefügebestandteilen in starkem Maße. Abb. 4 zeigt als Beispiel den Einfluß von n_s auf das Reflexionsverhältnis im Interferenzminimum zwischen der γ- und α'-Phase einer Eisen-Nickel-Legierung mit 32% Ni. Mit

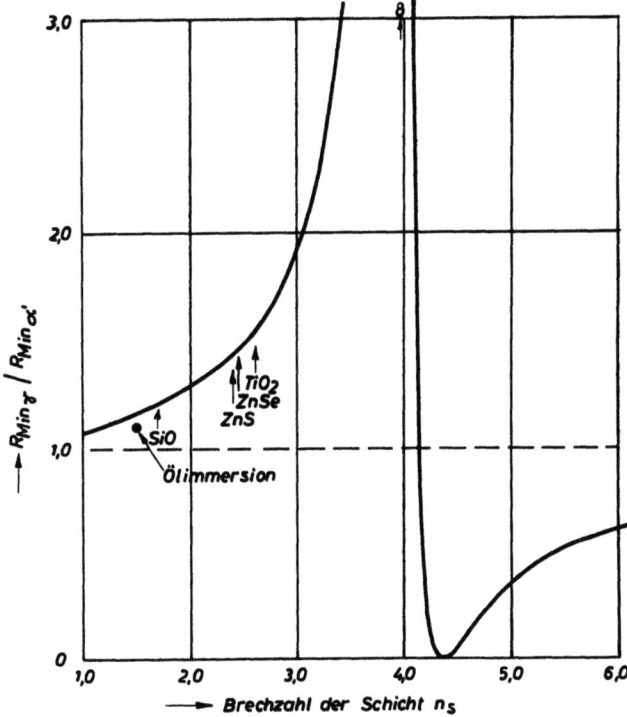

Abb. 4: Einfluß von n_s auf den Helligkeitskontrast im Interferenzminimum zwischen der α'- und γ-Phase einer Fe-Ni-Legierung mit 31,5% Ni

	n	k
α' :	1,62	2,94
γ :	1,59	3,20

steigender Brechzahl n_s wächst $R_{Min_\gamma}/R_{Min_{\alpha'}}$ immer stärker und wird unendlich, wenn für die α'-Phase die Amplitudenbedingung erfüllt ist. Im nachfolgenden Steilabfall tritt eine Kontrastumkehr auf, die ihren Höchstwert erreicht

$$(R_{Min_\gamma}/R_{Min_{\alpha'}} = 0),$$

wenn das Reflexionsvermögen für die γ-Phase völlig ausgelöscht ist. Diese hohen Brechzahlen von etwa 4,0 im vorliegenden Beispiel lassen sich nicht verwirklichen.

Dagegen ist für geringer reflektierende Metalle und Legierungen, für nichtmetallische Einschlüsse (Oxide, Sulfide, Nitride usw.) und für die meisten Mineralien weitgehende Erfüllung der Amplitudenbedingung mit den zur Verfügung stehenden Schichtsubstanzen erreichbar und die erwähnte Kontrastumkehr häufig zu beobachten.

b) Beeinflussung der Phasenwinkelunterschiede

Den bei der Reflexion auftretenden Phasenwinkel δ_r zwischen reflektierter und einfallender Amplitude erhält man durch Division des Imaginärteils durch den Realteil der Gleichung [4]:

[13]
$$\text{tg } \delta_r = \frac{2 n_0 k}{n_0^2 - n^2 - k^2}. \quad *)$$

---

*) Vorzeichen und Betrag des Phasenwinkels werden im Schrifttum nicht einheitlich dargestellt. Da tg δ die Periode π, die Lichtwelle die Periode 2π besitzt, ist δ zweideutig. So folgt für den Phasenwinkel bei der Reflexion des Lichtes an einer Stahloberfläche mit den Konstanten $n_0 = 1$, $n = 2{,}0$, $k = 3{,}4$ nach Gl. [13]:

$$\text{tg } \delta = -0{,}467$$
$$\text{und } \delta = -25° \text{ oder } \delta = +155°.$$

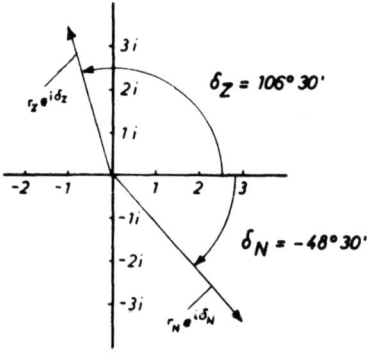

Abb. 5: Zur Bestimmung des Phasenwinkels

Um zu entscheiden, welcher der beiden Winkel der richtige ist, setzt man die optischen Konstanten in Gl. [4b] ein und stellt fest, daß der Realteil negativ, der Imaginärteil positiv wird. $\mathfrak{E}_r$ eilt also gegen $\mathfrak{E}_e$ um einen Winkel δ voraus, der zwischen $\pi/2$ und π liegt. Im angegebenen Beispiel ergibt sich somit $\delta = 155°$.

Dieses Ergebnis wird anschaulich, wenn man Gl. [4b] in

$$r e^{i\delta} = \frac{r_Z \cdot e^{i \delta_Z}}{r_N e^{i \delta_N}} = \frac{r_Z}{r_N} e^{i(\delta_Z - \delta_N)}$$

zerlegt und

$$r_Z e^{i \delta_Z} = -1 + 3{,}4 i$$
$$r_N e^{i \delta_N} = 3 - 3{,}4 i$$

in der komplexen Zahlenebene darstellt. Man erkennt aus Abb. 5, daß

$$\delta = \delta_Z - \delta_N = 106° \, 30' + 48° \, 30' = 155°.$$

In einem n-k-Diagramm werden gleiche Phasenwinkel ebenfalls durch Kreise beschrieben:

$$n^2 + \left[k + \frac{n_0}{tg\ \delta_r}\right]^2 = n_0^2 \left[1 + \frac{1}{tg^2\ \delta_r}\right].$$

Die Mittelpunkte dieser Kreise haben die Koordinaten:

[14a] $\qquad n = 0, k = -n_0 \cdot ctg\ \delta_r;$

die Radien betragen:

[14b] $\qquad \varrho = \dfrac{n_0}{\sin\ \delta_r}.$

Der Zusammenhang zwischen den optischen Konstanten und den Phasenwinkeln wird in Abb. 6 für den Fall der Reflexion an Luft durch die ausgezogenen, für beschichtete Metalloberflächen ($n_0 = n_s$ in Gleichung [13], [14a] und [14b]) durch die gestrichelten Kreisbogen beschrieben. Das für die Reflexion an Luft geltende Kreissystem läßt erkennen, daß die zwischen verschieden stark reflektierenden Gefügebestandteilen auftretenden Phasenwinkelunterschiede noch weniger

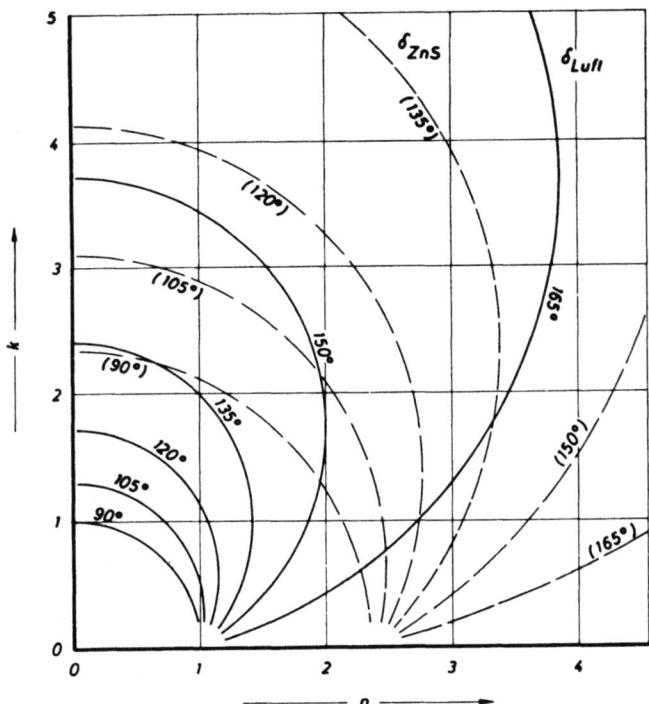

Abb. 6: Zusammenhang zwischen dem Phasenwinkel δ_r und den optischen Konstanten n und k

als die Reflexionsunterschiede geeignet sind, genügend kontrastreiche Bilder zu erzeugen. Die geringsten Phasenwinkelunterschiede, die ein phasenkontrastmikroskopisches Bild ermöglichen, betragen etwa 6 bis 7°, d. h. Werte, die in metallischen Schliffen nicht häufig erreicht werden. Stark reflektierende Stoffe sind in erster Linie „Amplitudenobjekte" und keine „Phasenobjekte", und wenn mit Hilfe der Phasenkontrastmikroskopie brauchbare Bilder metallischer Gefüge erziehlt werden sollen, so bedarf es der geschickten Hand des Metallographen, der durch Ausnutzung der unterschiedlichen Härte der Kristallite ein solches Oberflächenrelief polieren muß, daß der notwendige Gangunterschied entsteht. Stoffe mit geringeren Absorptionskoeffizienten hingegen, wie viele nichtmetallische Einschlüsse, Mineralien usw., sind wegen der Konvergenz der Phasenwinkel-Kreisbogen bei $k < 1$ geeignete „Phasenobjekte", da schon kleine Brechzahlunterschiede merkliche Phasenwinkelunterschiede hervorrufen.

Ein Vergleich beider Kreissysteme in Abb. 6 läßt erkennen, in welchem Maß Phasenwinkelunterschiede durch Bedampfen mit einer Interferenzschicht verstärkt werden. In dem bei der Erörterung der Amplitudenverstärkung angeführten Beispiel zweier Kristallite mit den Konstanten $n = 2,0$, $k = 3,3$ bzw. $n = 2,9$, $k = 3,7$ folgt eine Verstärkung der Phasenwinkelunterschiede von etwa 7° auf etwa 14°. Hinzu kommt aber, daß das Interferenzschichten-Verfahren auf wesentlich geringere Phasenwinkelunterschiede anspricht. Da eine Veränderung des Phasensprungs an der Grenzfläche Schicht/Probenoberfläche wie eine Schichtdickenänderung wirkt, verursacht eine Phasenwinkeldifferenz zwischen zwei Gefügebestandteilen eine unterschiedliche spektrale Lage des Interferenzminimums in dem Sinne, daß das Interferenzminimum des Bestandteiles mit dem größeren Phasensprung bei größeren Wellenlängen auftritt. Infolge von Phasenwinkelunterschieden erscheinen die Bestandteile also in verschiedenen Farben. Da das Auge schon Farbtonunterschiede von etwa 1 bis 2 nm wahrnimmt, werden durch das Interferenzschichten-Verfahren Phasenwinkelunterschiede von etwa 1° sichtbar, da $1° \triangleq \frac{\lambda}{360} \approx 1$ bis 2 nm.

Es sei aber bemerkt, daß das Auge zwar die genannten geringen Farbtonunterschiede wahrnimmt, daß aber keine verläßliche Aussage darüber möglich ist, ob derart kleine spektrale Unterschiede echt oder aufgrund von Helligkeitsunterschieden nur „vorgetäuscht" werden. Ein „Rot" geringerer Helligkeit erscheint dem Auge blaustichiger als ein „Rot" gleicher spektraler Zusammensetzung, aber größerer Helligkeit. Kleine Farbtonunterschiede werden vom Auge nur dann als solche mit Sicherheit erkannt, wenn die farbigen Objektelemente dem Auge in gleicher Helligkeit dargeboten werden.

Das Verfahren der Interferenz-Aufdampfschichten ist hinsichtlich des Phasenkontrastes dem üblichen Phasenkontrastverfahren deutlich überlegen und besitzt diesem gegenüber den Vorteil, daß es keines Oberflächenreliefs bedarf, und lediglich aufgrund der optischen Eigenschaften ein „Phasenkontrastbild" vermittelt.

Unterschiedliche Phasenwinkel, d. h. verschiedene spektrale Lagen der Interferenzminima, bewirken, daß der bei monochromatischer Beleuchtung beobachtete Helligkeitskontrast natürlich viel stärker ist, als aus dem Reflexionsverhältnis der Interferenzminima folgt. Die aus Abb. 3 folgenden Helligkeitsunterschiede bilden somit den Mindestkontrast, der dann gegeben ist, wenn kein zusätzlicher „Phasenkontrast" aufgrund unterschiedlicher spektraler Lagen der Interferenzminima auftritt.

c) Einfluß der Objektivapertur

Die bisherigen Betrachtungen beschränken sich auf den senkrechten Lichteinfall, der aber im mikroskopischen Strahlengang nur bei Verwendung schwach vergrößernder Objekte mit guter Näherung verwirklicht ist. Objekte mit höherer Apertur beeinflussen indessen die Interferenzerscheinungen infolge der verschiedenen Lichteinfallswinkel. Einmal kann die Phasenbedingung wegen der unterschiedlichen optischen Weglängen nicht für das gesamte Lichtbündel erfüllt sein, zum anderen sind die reflektierten Amplituden vom Lichteinfallswinkel abhängig. Während diese Winkelabhängigkeit sich an der Grenzfläche Luft/Schicht voll auswirkt, ist sie jedoch an der Schicht/Träger-Grenzfläche vernachlässigbar, da die relativ hohen Brechzahlen der Schicht den Einfallswinkel verkleinern (s. Abb. 1). Die bei größeren Lichteinfallswinkeln auftretende Polarisation des Lichtes ist für normale Hellfeldbeobachtungen ohne Interesse; polarisationsmikroskopische Beobachtungen erfordern indessen wegen der stark gegenläufigen Winkelabhängigkeit der parallelen und senkrechten Komponente eine Berücksichtigung dieses Einflusses.

Der Einfluß der Objektivapertur auf den Bildkontrast ist aber bei Hellfeldbeobachtungen nur gering, wie Abb. 7 am Beispiel des Kontrastes zwischen γ- und α'-Phase einer Eisen-Nickel-Legierung zeigt. Durch eine Zinksulfid-Aufdampfschicht 0. Ordnung steigen mit zunehmender Apertur die mittleren Reflexionswerte, die dem durch die Apertur gegebenen Winkelbereich zugehören, an. Aus den Werten für $\overline{R}_\gamma$ und $\overline{R}_{\alpha'}$ folgt eine Aperturabhängigkeit des Helligkeitsverhältnisses $\overline{R}_\gamma/\overline{R}_{\alpha'}$, die bei größeren Aperturen ($> 0,6$) sogar eine Kontraststeigerung gegenüber dem senkrechten Lichteinfall bewirkt.

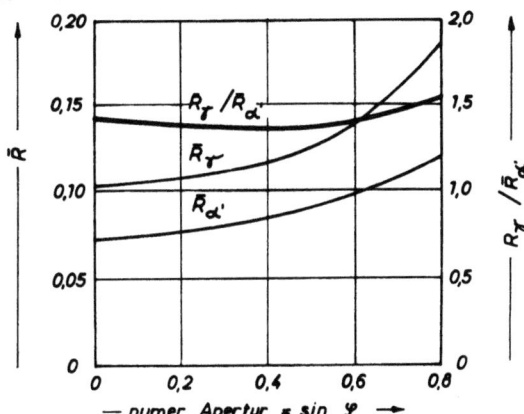

Abb. 7: Einfluß der Objektivapertur auf den Bildkontrast.
[Reflexion und Reflexionsverhältnis der γ- und α'-Phase einer Fe-Ni-Legierung, Interferenz 0. Ordnung, $\lambda = 550$ nm, $n_s = 2,39$ (ZnS)]

d) Absorbierende Interferenzschichten

Der größtmögliche Kontrast zwischen zwei Gefügebestandteilen wird dann erreicht, wenn für einen Bestandteil die Reflexion durch Interferenz völlig ausgelöscht wird. Um dies zu gewährleisten, muß neben der Phasenbedingung, die durch die Wahl einer geeigneten Schichtdicke für eine bestimmte Wellenlänge immer eingehalten werden kann, die Amplitudenbedingung erfüllt sein. Während für Objekte mit geringerem Reflexionsvermögen die Amplitudenbedingung voll befriedigt werden kann, erfordert die völlige Auslöschung bei höherreflektierenden Oberflächen sehr hohe Brechzahlen der Aufdampfschichten (s. S. 9). So werden im Falle der Übergangsmetalle und deren Legierungen häufig Brechzahlen von etwa 4 und für Edelmetalle, Aluminium usw. sogar noch höhere Brechzahlen benötigt. Diese Forderung kann aber mit den zur Verfügung stehenden Schichtsubstanzen nicht erfüllt werden.

Durch Verwendung absorbierender Interferenzschichten ist indessen eine weitgehende Erfüllung der Amplitudenbedingung möglich. Die Wirkung einer absorbierenden Schicht besteht darin, daß durch die Schichtabsorption die Amplitude der auf die Trägeroberfläche auftreffenden Welle so weit geschwächt werden kann, daß die Reflexionskoeffizienten an den beiden Grenzflächen Luft/Schicht und Schicht/Trägeroberfläche übereinstimmen.

In den wesentlichen Grundzügen wird die Optik absorbierender Aufdampfschichten bei Beschränkung auf senkrechtes Auflicht durch denselben Formalismus beschrieben wie die Optik dielektrischer Schichten. Lediglich durch die komplexe Brechzahl der Schicht $n_s = n_s - i k_s$ erscheinen die Zusammenhänge verwickelter. Der komplexe Reflexionskoeffizient der beschichteten Oberfläche lautet

[15]
$$r e^{i\delta} = \frac{r_0 e^{i\delta_0} + r_1' e^{-i\alpha}}{1 + r_0 r_1' e^{i(\delta_0 - \alpha)}}.$$

In dieser Gleichung ist

[16]
$$r_0 = \sqrt{\frac{(n_s - n_0)^2 + k_s^2}{(n_s + n_0)^2 + k_s^2}}$$

der Reflexionskoeffizient an der Grenzfläche Immersion/Schicht und δ_0 mit

[17]
$$\operatorname{tg} \delta_0 = \frac{2 n_0 k_s}{n_0^2 - n_s^2 - k_s^2}$$

der dort auftretende Phasensprung, der durch die Absorption der Schicht von π verschieden ist. n_0 ist die Brechzahl der Immersion, die für Luft gleich 1 zu setzen ist.

Für den durch die Absorption in der Schicht geschwächten Reflexionskoeffizienten an der Grenzfläche Schicht/Träger r_1 gilt:

[18a] $$r_1' = r_1 e^{-\frac{4\pi k_s}{\lambda} d_s}$$

und

[18b] $$r_1 = \sqrt{\frac{(n-n_s)^2 + (k-k_s)^2}{(n+n_s)^2 + (k+k_s)^2}}$$

mit den optischen Konstanten n und k des Trägers und der Dicke d_s der Schicht. Mit α wird nach

$$\alpha = \frac{4\pi n_s}{\lambda} d_s - \delta_1 \quad \text{und} \quad \text{tg } \delta_1 = \frac{2n_s k - 2n k_s}{n_s^2 + k_s^2 - n^2 - k^2}$$

die Phasenlage der an der Grenzfläche Schicht/Träger reflektierten Welle beschrieben.

Die Einführung trigonometrischer Funktionen liefert

$$r e^{i\delta} = \frac{r_0 (\cos \delta_0 + i \sin \delta_0) + r_1' (\cos \alpha - i \sin \alpha)}{1 + r_0 r_1' [\cos(\delta_0 - \alpha) + i \sin(\delta_0 - \alpha)]}.$$

Daraus folgt für das Reflexionsvermögen

$$R = |r e^{i\delta}|^2$$

[19] $$= \frac{(r_0 \cos \delta_0 + r_1' \cos \alpha)^2 + (r_0 \sin \delta_0 - r_1' \sin \alpha)^2}{[1 + r_0 r_1' \cos(\delta_0 - \alpha)]^2 + r_0^2 r_1'^2 \sin^2(\delta_0 - \alpha)}$$

$$= \frac{r_0^2 + r_1'^2 + 2 r_0 r_1' \cos \delta_0 \cos \alpha - 2 r_0 r_1' \sin \delta_0 \sin \alpha}{1 + r_0^2 r_1'^2 + 2 r_0 r_1' \cos(\delta_0 - \alpha)}$$

und schließlich

[20] $$R = \frac{r_0^2 + r_1'^2 + 2 r_0 r_1' \cos(\delta_0 + \alpha)}{1 + r_0^2 r_1'^2 + 2 r_0 r_1' \cos(\delta_0 - \alpha)}.$$

Wie bei nichtabsorbierenden Interferenzschichten treten auch hier Interferenzminima auf, jedoch läßt sich das Reflexionsvermögen im Interferenzminimum R_{Min} nicht mehr mathematisch geschlossen darstellen, so daß eine numerische Behandlung des Problems erforderlich wird. Aus den Reflexionswerten für verschiedene Wellenlängen bei konstanter Schichtdicke lassen sich die Interferenzminima ermitteln. Auf diese Weise kann man in einem n-k-Diagramm Kurven konstanten Reflexionsvermögens im Interferenzminimum konstruieren. Abb. 8 gibt den Zusammenhang zwischen dem Reflexionsvermögen im Minimum und den optischen Konstanten des Trägers n und k bei einer Aufdampfschicht mit $n_s = 2,5$ und $k_s = 0,25$ in der nullten Ordnung an Luft wieder. Man erhält kreisähnliche Kur-

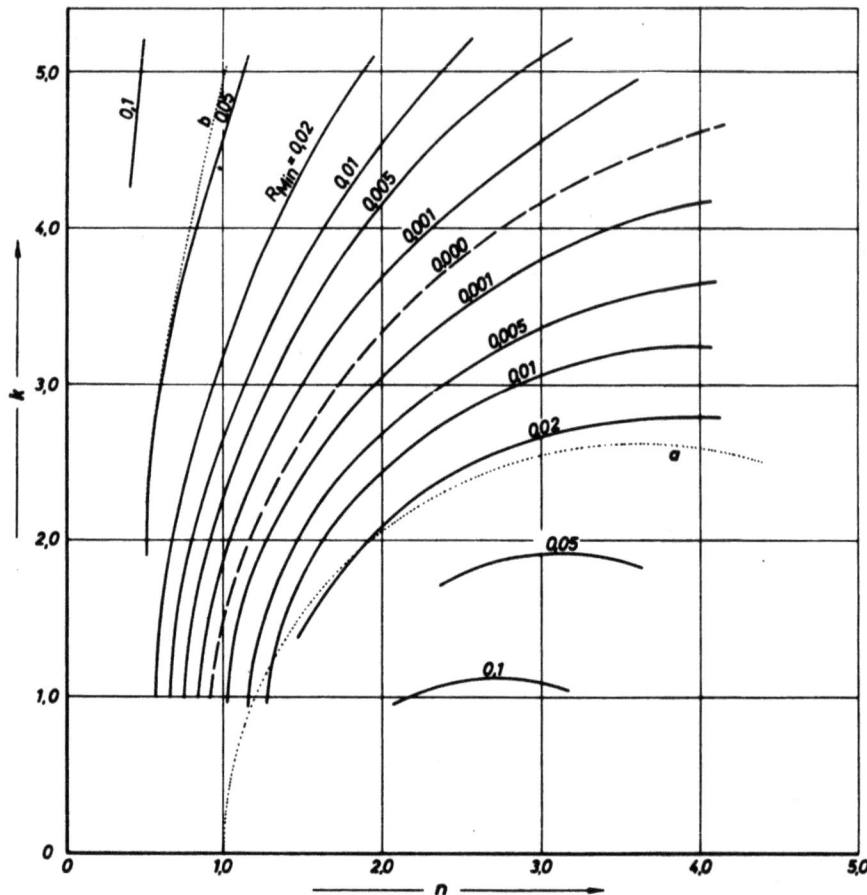

Abb. 8: Zusammenhang zwischen R_{Min} und den optischen Konstanten n und k für eine absorbierende Interferenzschicht nullter Ordnung mit $n_s = 2{,}5$, $k_s = 0{,}25$
Erfüllung der Amplitudenbedingung für a) $k_s = 0$
b) $k_s = 0{,}5$

ven, die aber vor allem für kleine k stärker von der Kreisform abweichen. Durch die gestrichelte Kurve ist die Erfüllung der Amplitudenbedingung, also $r_0 = r_1'$ im Interferenzminimum, gekennzeichnet. Um die Wirkung der Absorption der Aufdampfschicht zu verdeutlichen, sind in Abb. 8 zusätzlich die Amplitudenbedingungen für unterschiedlich starke Absorption bei gleicher Brechzahl punktiert eingezeichnet. Kurve a bezieht sich auf eine absorptionsfreie Schicht und Kurve b auf eine Schicht mit $k_s = 0{,}5$. Man erkennt, daß die Erfüllung der Amplitudenbedingung mit wachsendem k_s zu den höherreflektierenden Metallen hin verschoben wird. Die Absorption in der Interferenzschicht kommt in der Wirkung also einer starken Erhöhung der Brechzahl gleich.

In Abb. 2 ist der spektrale Verlauf einer mit Kadmiumsulfid beschichteten Fe-Ni-Oberfläche dargestellt. Die optischen Konstanten n_s und k_s des CdS wurden der Abb. 9 entnommen. Das Reflexionsvermögen im Interferenzminimum ist gegenüber der absorptionsfreien ZnSe-Schicht um etwa eine Zehnerpotenz geringer.

Die Absorptionskonstanten der Schichtsubstanzen, mit denen die gewünschten Interferenzwirkungen erzielt werden können, betragen im allgemeinen $0,1 < k_s < 0,5$. Dabei ist im Gegensatz zur absorptionsfreien Schicht das Reflexionsvermögen im Interferenzminimum nicht mehr unabhängig von der Interferenzordnung. Je stärker die Schichtabsorption ist, um so mehr steigt R_{Min} mit zunehmender Ordnung an, um letztlich in die Eigenreflexion der Schicht überzugehen. Andererseits lassen sich auf hochreflektierenden Metalloberflächen auch dann gute Erfolge erzielen, wenn schwächer absorbierende Interferenzschichten 1. oder gar 2. Ordnung verwendet werden.

Eine weitere Möglichkeit, die Amplitudenbedingung auch für höher reflektierende Oberflächen zu erfüllen, besteht in der Verwendung von Mehrschichtsystemen, die in Abschn. VI beschrieben werden.

III. Durchführung des Verfahrens

a) Bemerkungen zur Schliffvorbereitung

Aus den im vorhergehenden Abschnitt beschriebenen Zusammenhängen zwischen den optischen Eigenschaften der zu bedampfenden Oberfläche und der aufgedampften Interferenzschicht folgt die Forderung an die Schliffvorbereitung, die Probenoberfläche so herzurichten, daß sie in definierter und reproduzierbarer Weise die optischen Eigenschaften der Kristallite widerspiegelt. Der Erfüllung dieser Forderung steht jedoch eine grundlegende Schwierigkeit im Wege, die allen optischen Untersuchungen an absorbierenden Stoffen anhaftet: Infolge der starken Absorption kann das Licht nur sehr wenig in die Materie eindringen, so daß sich die Wechselwirkungen des Lichtes mit dem untersuchten Objekt in sehr dünnen Oberflächenbereichen ereignen. Diese Oberflächenbereiche, die bei metallischen Stoffen nur um Bruchteile einer Lichtwellenlänge in das Kristallinnere hineinreichen, sind ungeschützt allen äußeren Einwirkungen ausgesetzt und erleiden dadurch starke Beeinflussungen. Abgesehen davon, daß jede Grenzfläche eines Körpers infolge abweichender Bindungsbedingungen andere Eigenschaften aufweisen muß als das Kristallinnere, werden die Oberflächeneigenschaften durch Fremdschichten „verfälscht", sei es, daß diese durch Absorption von in der Atmosphäre enthaltenen Molekülen (Sauerstoff, Wasserdampf usw.) gebildet werden, oder von Prozessen herrühren, die zur Schliffvorbereitung notwendig sind. So entstehen beim elektrolytischen Polieren durch die oxydierend wirkenden Elektrolyte oxydische Schichten, die — häufig nicht sichtbar — den Phasenwinkelsprung bei der Reflexion erheblich verändern können. Andererseits führt mechanisches Schleifen und Polieren zu einer weitgehenden Zerstörung des kristallinen Gefüges. Die Tiefenausdehnung der so entstehenden „Verformungsschichten", die als feinkristalline (lichtmikroskopisch „amorphe") Schichten andere optische Eigenschaften aufweisen als der ungestörte Kristall, ist bei metallischen Werkstoffen um ein

Vielfaches größer als die Eindringtiefe des Lichtes. Aus diesen grundsätzlichen Erwägungen sind wirklich befriedigende Ergebnisse über die optischen Eigenschaften absorbierender Stoffe (insbesondere Absolutbestimmungen der optischen Konstanten) nur an im Hochvakuum erzeugten und gemessenen Materialien mit weitgehend ungestörter Oberfläche zu erwarten, während die in Luft erzielten Ergebnisse durch den Einfluß absorbierter Schichten in dem Sinne abweichen, daß sowohl die Brechzahlen als auch die Absoptionskoeffizienten zu niedrig ermittelt werden (76).

Um einen Oberflächenzustand herzustellen, dessen optische Eigenschaften reproduzierbar und für den Kristall repräsentativ sind, bedarf es einer Schliffvorbereitung, die von den üblichen Techniken zwar nicht abweicht, aber sehr sorgfältig durchgeführt werden muß. Die beschichtete Oberfläche ist nie besser, eher schlechter als die Unterlage, da Schichtstörungen, die durch Kratzer, Wassertröpfchen, Staubkörnchen usw. verursacht werden, deutlich hervortreten. Nach einer elektrolytischen Politur müssen die Oberflächen sorgfältig gereinigt werden, um Fremdschichtbildungen weitgehend zu vermeiden. Dünnere Schichten — für das Auge kaum oder gar nicht sichtbar — erscheinen gelegentlich erst nach der Beschichtung; sie können durch eine kurze mechanische Nachpolitur der elektrolytisch vorbereiteten Oberfläche entfernt werden. Die durch mechanische Behandlung erzeugten Verformungsschichten, die bei der Gefügeentwicklung durch Ätzen ohnehin abgetragen werden, erfordern „Zwischenätzungen", deren Angriff so bemessen sein soll, daß die verformte Schicht beseitigt wird, ohne das Gefüge selbst zu entwickeln. Sehr weiche, zum „Schmieren" neigende Gefüge verlangen häufig mehrmaliges Zwischenätzen und Polieren, bis die gestörte Oberflächenschicht abgetragen ist. Der in geeigneter Weise vorbereitete Anschliff läßt selbst höherreflektierende Gefügestrukturen in den meisten Fällen bereits im unbeschichteten Zustand „wasserzeichenähnlich" erkennen.

b) Das Aufdampfen

Zur Beschichtung der Schliffoberflächen mit geeigneten Interferenzschichten bietet sich die thermische Bedampfung im Hochvakuum an, die sich heute zur wichtigsten Methode der Herstellung dünner Schichten für die Optik entwickelt hat. Sie besitzt gegenüber anderen Verfahren, wie etwa der Kathodenzerstäubung, den Vorteil, daß die Bedingungen der Beschichtung überschaubar und leichter kontrollierbar sind und daß hinreichend reproduzierbare Ergebnisse erzielt werden können. Die erfolgreiche Anwendung dieser Methode auf die Erzeugung optischer Schichten beruht einerseits darauf, daß aufgrund zahlreicher wissenschaftlicher Untersuchungen der Vorgänge bei der thermischen Verdampfung und Kondensation wichtige Einblicke in das Geschehen bei der Schichtentstehung und in den Schichtaufbau gewonnen werden konnten. Zum anderen stellt die Apparateindustrie Aufdampfanlagen her, die technisch weitgehend ausgereift sind. Sie stellen zwar einen nicht unbedeutenden technischen Aufwand dar, der aber gleichzeitig anderen Zwecken, wie etwa den elektronenmikroskopischen Präparationsmethoden, dienen kann. Für die Gefügeentwicklung reichen kleinere Aufdampfanlagen aus, da nur geringe Substanzmengen verdampft werden. Außerdem entfällt der Aufwand für Schichtdickenmessungen, da im allgemeinen die gewünschte Schichtdicke durch visuelle Beobachtung eingestellt werden kann.

An die Stoffe, die für eine Beschichtung geeignet sind, wird eine Reihe Forderungen gestellt, die nur von wenigen ausgewählten befriedigend erfüllt werden:
a) Herstellbarkeit des Stoffes in Form dünner Schichten (keine thermische Zersetzung, ausreichender Dampfdruck)
b) Gewisse Beständigkeit gegen chemische Angriffe, vor allem gegen Feuchtigkeit
c) Geeignete optische Eigenschaften.

Der Dampfdruck der Aufdampfsubstanzen, der stark von der Temperatur abhängt und für verschiedene Stoffe sehr unterschiedlich ist, muß in einem geeigneten Temperaturbereich etwa 10^{-2} Torr betragen. Bei einer Reihe von Stoffen wird ein solcher Dampfdruck schon bei Temperaturen unterhalb des Schmelzpunktes erreicht, so daß ein Übergang vom festen Zustand unmittelbar in die Dampfphase stattfindet. Bei anderen Substanzen tritt eine ausreichende Verdampfung erst im schmelzflüssigen Zustand auf.

Hinsichtlich der optischen Eigenschaften müssen — wie im Abschnitt II erörtert wurde — die optischen Konstanten der Schicht jeweils auf die optischen Konstanten des zu bedampfenden Objektes abgestimmt sein, um einen möglichst großen Amplituden- und Phasenkontrast zwischen verschiedenen Gefügebestandteilen zu erzielen. Bei höherreflektierenden mikroskopischen Objekten folgt daraus die Forderung nach möglichst hohen Brechzahlen der Schicht, die im Falle hochreflektierender metallischer Stoffe Werte erreichen müßten, die bisher nicht zu verwirklichen sind.

In Abb. 9 ist für eine Reihe Substanzen, die zur Herstellung von Interferenz-Aufdampfschichten Verwendung finden, der spektrale Verlauf der Brechzahl und des Absorptionskoeffizienten dargestellt. Die angegebenen Daten sind Richtwerte,

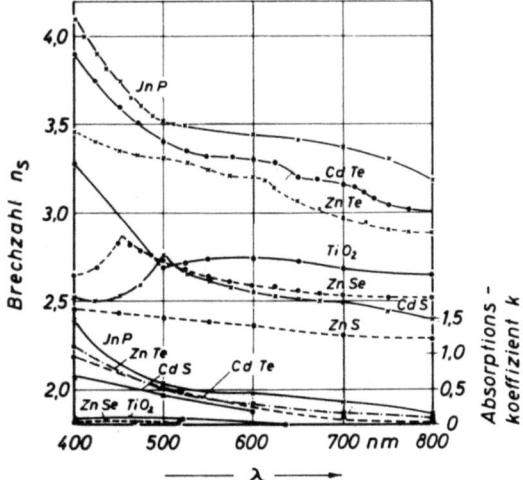

Abb. 9: Optische Konstanten verschiedener Schichtstoffe in Abhängigkeit von der Wellenlänge (nach [9])

da die optischen Eigenschaften der aufgedampften Schichten — wie später erörtert wird — von den Aufdampfbedingungen beeinflußt werden.

Tab. 1 gibt einen Überblick über die Herstellungsbedingungen dünner Aufdampfschichten aus verschiedenen geeigneten Schichtstoffen.

Tabelle 1

Stoff	Brechzahl (λ = 550 nm)	Schmelzpunkt (°C)	Verdampfungstemperaturbereich (°C)	Verdampfungsquelle	Bemerkungen
Na_3AlF_6	1,35	1000	900–1200	Mo	gut geeignet
MgF_2	1,38	1220	1200–1600	Ta, Al_2O_3	Verdampf. aus der Schmelze
SiO	1,5–1,8		1200–1600	Mo	starker Einfluß des Druckes u. der Verdampfungsgeschwindigkeit
ThF_4	1,52			Mo, Ta	gut geeignet
CeF_3	1,6	1325	1300–1600	Mo, Ta	Verdampf. aus der Schmelze
PbF_2	1,75	820	800–1100	W, Al_2O_3	Verdampf. aus der Schmelze
Sb_2S_3	2,3–2,4	550	300– 400	Mo, Ta	als absorbierende Substanz geeignet
ZnS	2,4	1750	800–1200	Mo	gut reproduzierbare Brechzahl
CdS	2,6	1750	800–1200	W, Mo, Ta	
ZnSe	2,6	> 1200	500– 800	Mo, W	sehr gut geeignet
TiO_2	2,7				keine direkte TiO_2-Bedampfung TiO bzw. Ti bei 10^{-3} Torr
TiO		1700	1700–2000	W	
Ti		1725	1700–2000	Graphit	
ZnTe	3,2	1240	800–1200	Mo, Ta	gut geeignet
CdTe	3,3	975	800–1000	Mo, Ta	teilweise Zersetzung möglich
InP	3,4–3,5			W	Verdampf. aus der Schmelze

Über die Verwendung absorbierender Interferenzschichten für die Gefügeentwicklung liegen noch keine größeren Erfahrungen vor. Es gibt zweifellos eine Reihe Substanzen mit geeigneten Absorptionskonstanten, die aber darauf zu überprüfen sind, ob die Schichtabsorption hinreichend genau reproduziert werden kann. Neben dem Antimonsulfid erscheinen die Europiumchalkogenide als geeignete Schichtsubstanzen. Die optischen Eigenschaften dieser Verbindungen, die Verdampfungstemperaturen von nahezu 2000 °C erfordern, wurden in neuerer Zeit eingehend untersucht (12, 71), da sie als magnetisch geordnete Halbleiter (s. Abschn. X) für die Festkörperphysik von allgemeinem Interesse sind. So sind Europiumsulfid und -selenid im roten Spektralbereich fast völlig durchlässig; ihre Absorptionskonstante steigt mit abnehmender Wellenlänge auf k_s = 0,3 bzw. 0,5 bei λ = 550 bzw. 500 nm, um im kurzwelligen sichtbaren Bereich wieder abzufallen.

Die in Tab. 1 aufgeführten Sulfide, Selenide und Telluride sind neben dem Siliziummonoxid sublimierende Stoffe, während die anderen angegebenen Verbindungen auf Temperaturen oberhalb des Schmelzpunktes erhitzt werden müssen. Die einfachste und gebräuchlichste Art, einen ausreichend hohen Dampfdruck zu erzeugen, besteht in der Verdampfung aus widerstandsbeheizten Schiffchen, Spiralen usw., an die die Forderungen gestellt werden, daß diese selbst aus einem

Material mit genügend kleinem Dampfdruck gefertigt sind (Molybdän, Tantal, Wolfram) und daß chemische Reaktionen bei den Verdampfungstemperaturen zwischen der Verdampfungsquelle und dem zu verdampfenden Stoff weitgehend ausgeschlossen sind. Schließlich sind die Netzeigenschaften zwischen Verdampferquelle und Aufdampfsubstanz von Bedeutung. Aufgeschmolzene Substanzen nehmen bei schlechter Benetzung Kugelgestalt an, so daß vorzugsweise an der Berührungsstelle zwischen Schmelztropfen und Verdampfungsquelle ein hoher Dampfdruck entsteht, der die aufgeschmolzenen Tröpfchen ständig hin- und herbewegt und aus dem Schiffchen herausschleudern kann. Dieses „LEIDENFROST-Phänomen" tritt auch bei festen Substanzen auf. Eine Herausspritzen kann durch eine durchlöcherte oder netzförmige Abdeckung der Verdampferquelle verhindert werden.

Während des Aufdampfens sollte der Druck $< 10^{-4}$ Torr, möglichst 10^{-5} Torr betragen. Die mittlere freie Weglänge der Stickstoff- und Sauerstoffmoleküle der Luft beträgt bei 10^{-4} Torr und Raumtemperatur etwa 50 cm und entspricht damit den Dimensionen der Aufdampfanlage. Ein höherer Druck stört durch vermehrte Zusammenstöße mit den Restgasmolekülen die geradlinige Ausbreitung der verdampften Moleküle und setzt die Aufdampfrate herab. Zum anderen besteht die Gefahr, daß bei der Kondensation durch den Einbau von Fremdatomen der Schichtaufbau gestört wird mit der Folge unerwünscht veränderter, im allgemeinen schlechterer optischer Eigenschaften. Selbst wenn das Aufdampfen bei gutem Vakuum durchgeführt wird, können durch örtlich eng begrenzte Gasbildungen, die sich auf den Gesamtdruck kaum auswirken und vom Vakuummeßgerät nicht angezeigt werden, unliebsame Störungen auftreten. Die in den Verdampfer eingefüllten Substanzen gasen beim ersten Aufheizen recht beträchtlich. Die unmittelbar über dem Verdampfer gebildeten Gaswolken führen zu zahlreichen Zusammenstößen mit der verdampften Substanz und stören bzw. verhindern die Schichtbildung. Aus diesem Grunde ist eine gründliche Entgasung durch Erhitzen vor der Aufdampfung erforderlich. In vielen Fällen sind Schichtstörungen auf örtliches Gasen des bedampften Objektes zurückzuführen. Staubkörnchen auf der Objektoberfläche und vor allem Poren in der Oberfläche, in denen sich Rückstände und Feuchtigkeit vom Schleif- und Polierprozeß befinden, gasen so stark, daß eine ungestörte Kondensation nicht möglich ist. Diese Stellen und deren unmittelbare Umgebung bleiben unbeschichtet oder weisen eine dünnere Beschichtung auf. Im mikroskopischen Bild erscheinen sie als helle bzw. anders gefärbte Bereiche, die außerdem häufig von einem verschiedenfarbigen Saum umgeben sind; sie lassen sich von wirklichen Objektstrukturen einwandfrei unterscheiden. Sauberes Arbeiten, um Verunreinigungen der zu beschichtenden Oberfläche zu vermeiden, und eine sorgfältige Trocknung der Anschliffe nach dem Polieren — evtl. durch eine längere Auslagerung im Hochvakuum — sind die notwendigen Maßnahmen, die beschriebenen Störungen weitgehend auszuschließen.

Die Erzeugung einwandfreier Aufdampfschichten wird von den Kondensationsbedingungen in starkem Maße beeinflußt. Es ist bekannt, daß nicht alle die Objektoberfläche treffenden Moleküle haften bleiben, sondern über eine Oberflächendiffusion hinaus ein gewisser Anteil wiederverdampft. Besonders jene Substanzen, die schon bei tieferen Temperaturen einen merklichen Dampfdruck aufweisen, neigen zum Abdampfen, als deren Folge manche Substanzen „um die Ecke" gedampft werden. Dieser Anteil ist umso größer, je höher die Temperatur der Unterlage ist. Eine geeignete Gegenmaßnahme besteht in einer Kühlung des Objektes, das je nach Abstand von der Verdampferquelle durch dessen Strahlung erheblich erwärmt werden kann. Die Kondensation ist außerdem von der Art des Trägers abhängig. Wenn auch für die Vielzahl der Werkstoffe keine verläßlichen Angaben über den Anteil der Rückverdampfung gemacht werden können, so darf aber dennoch angenommen werden, daß die Interferenzschicht auf allen in einem Gefüge enthaltenen Bestandteilen eine einheitliche Schichtdicke besitzt. Die durch das Interferenzschichten-Verfahren erzeugten Kontraste beruhen auf unterschiedlichen optischen Eigenschaften der verschiedenen Objektstrukturen, während ein Einfluß unterschiedlicher Schichtdicken weitgehend ausgeschlossen werden darf.

Reproduzierbare optische Eigenschaften der Aufdampfschichten sind nur dann gewährleistet, wenn die Proben unter gleichen Bedingungen, d. h. bei gleichem Druck und gleichen Aufdampfgeschwindigkeiten, bedampft werden. Oxydische Schichten werden in besonders starkem Maße von den Aufdampfbedingungen beeinflußt. So sind Brechzahl und Absorptionskoeffizient des Siliziummonoxids in weiten Grenzen um so niedriger, je langsamer die Aufdampfung erfolgt und je größer der Sauerstoffgehalt der Restgasatmosphäre ist. Titandioxid läßt sich nicht direkt verdampfen und als dünne Schicht kondensieren. Es ist zweckmäßig, von Titanmonoxid bzw. Titan auszugehen und bei einem hinreichend hohen Sauerstoffpartialdruck (etwa 10^{-3} Torr) so langsam aufzudampfen, daß während des Aufdampfens genügend Sauerstoff zur TiO_2-Bildung in die Schicht eingebaut wird. Durch Nachoxydation einer TiO-Schicht in Luftatmosphäre bei 200 bis 300 °C kann ebenfalls eine TiO_2-Schicht erzeugt werden. Dabei ist zu berücksichtigen, daß die optische Dicke der Schicht, d. h. ihre Interferenzfarbe, infolge der Brechzahlerhöhung durch die TiO_2-Bildung eine Änderung erfährt. Dieses Vorgehen verbietet sich natürlich, wenn durch eine solche „Anlaßbehandlung" eine unerwünschte Gefügeänderung verursacht wird.

Für die Entwicklung metallischer Gefüge haben sich vor allem Interferenz-Aufdampfschichten aus Zinkselenid sehr gut bewährt, das sich leicht aufdampfen läßt und gut reproduzierbare Ergebnisse liefert. Zufriedenstellende Ergebnisse lassen sich weiterhin mit dem noch höherbrechenden Zinktellurid erzielen. Die Substanzen mit niederen Brechzahlen ($n_s < 2,0$) sind für geringer reflektierende Anschliffe und für den später beschriebenen Aufbau von Mehrschichtensystemen von Interesse.

Wenn die mikroskopische Abbildung der verschiedenen Bestandteile eines Anschliffes überwiegend auf Amplitudenunterschieden beruht, wird auf die Probenoberfläche eine solche Schichtdicke aufgedampft, daß sie im weißen Licht purpurrot erscheint, da dann das Interferenzminimum im komplementären, d. i. im grünen Spektralbereich liegt. Die Einstellung auf diese Interferenzfarbe gewährleistet einen größtmöglichen Helligkeitskontrast im mikroskopischen Bild. Die Aufdampfgeschwindigkeit ist so zu bemessen, daß die Folge der auftretenden Interferenzfarben gut beobachtet werden kann. Die zunächst auftretende Interferenzfarbe ist ein schwaches Gelb, das sehr schnell über ein kräftiges Gelb und Gelbrot in Purpurrot übergeht. In diesem Stadium, das nach einer Aufdampfzeit von etwa einer Minute erreicht werden sollte, wird die Bedampfung gestoppt, sofern in der Interferenz nullter Ordnung beobachtet werden soll. Eine weitere Bedampfung bis zur Interferenzfarbe Blau mindert die Kontraste erheblich. Zur Einstellung auf Interferenzfarben 1. Ordnung wird die Bedampfung so lange fortgesetzt, bis die Farbfolge erneut durchlaufen wurde. Eine besondere Meßeinrichtung (Reflexionsphotometer) zur Einhaltung der gewünschten Schichtdicke bzw. Interferenzfarbe ist nicht erforderlich; eine visuelle Beobachtung der Schliffoberfläche reicht aus. Da die Beobachtungsbedingungen (Kontrast zwischen einzelnen Gefügebestandteilen, erforderliche Mikroskopvergrößerung usw.) vor Beginn der Untersuchungen nicht festliegen, hat es sich in der Praxis als zweckmäßig erwiesen, den Schliff zunächst mit einer keilförmigen Schicht zu bedampfen, die von Gelb bis Blau reicht und somit gewiß auch die Interferenzfarben aufweist, die einen größtmöglichen Helligkeits- und Farbkontrast gewährleisten. Eine solche keilförmige Schicht, die durch eine Neigung des Schliffes zur Verdampferquelle erzeugt wird, ist vor allem dann vorteilhaft, wenn das Gefüge mehrere verschiedene Komponenten enthält, die alle nebeneinander mit deutlichem Kontrast entwickelt werden sollen.

IV. Beispiele für die Gefügeentwicklung (Hellfeldbeobachtungen)

Die Leistungsfähigkeit der Interferenzschichten-Mikroskopie und ihre erfolgreiche Anwendung im Auflicht seien an einigen Beispielen demonstriert. In den Abb. 10 und 11 werden die Gefüge einer Ferrochromlegierung und eines austenitischen Stahls vorgestellt, in denen die verschiedenen Gefügebestandteile nur geringe Phasenwinkelunterschiede aufweisen und der Kontrast überwiegend durch die unterschiedlichen Amplituden des reflektierten Lichtes verursacht wird. Auf beiden Schliffen wurde eine solche Schichtdicke aufgedampft, daß ihre Oberflächen makroskopisch purpurfarbig (0. Ordnung) erschienen. Bei Beobachtung im weißen Licht treten zwar nur geringe Farbtonunterschiede, aber deutliche Helligkeitskontraste zwischen den einzelnen Bestandteilen auf, die durch Beobachtung im Licht eines Grünfilters noch verstärkt werden. Die Gegenüberstellung mit dem Aussehen der Gefüge, die durch Ätzen entwickelt wurden, zeigt die offensichtlichen Vorzüge dieses Verfahrens gegenüber den üblichen Ätztechniken. Sie bestehen einmal darin, daß alle im Gefüge enthaltenen Bestandteile gleichzeitig und unmittelbar sichtbar werden, während ein Ätzbild im wesentlichen die Kristallitbegrenzungen wiedergibt. So zeigt das Gefüge der Ferrochrom-Legierung eine hell erscheinende Cr-Fe-Mischkristallphase, eine mittelgraue Karbidphase $Cr_{23}C_6$ und das dunkle Karbid Cr_7C_3. Im Ätzbild können die einzelnen Phasen nur sehr schwierig unterschieden werden, so daß eine Mengenbestimmung der einzelnen Anteile ausgeschlossen ist.

Ein zweiter Vorteil besteht darin, daß durch den Verzicht auf jeden die Schliffoberfläche verändernden chemischen Angriff vor allem kleine Bestandteile in unverfälschter Größe und Form abgebildet werden. Das in Abb. 11 entwickelte

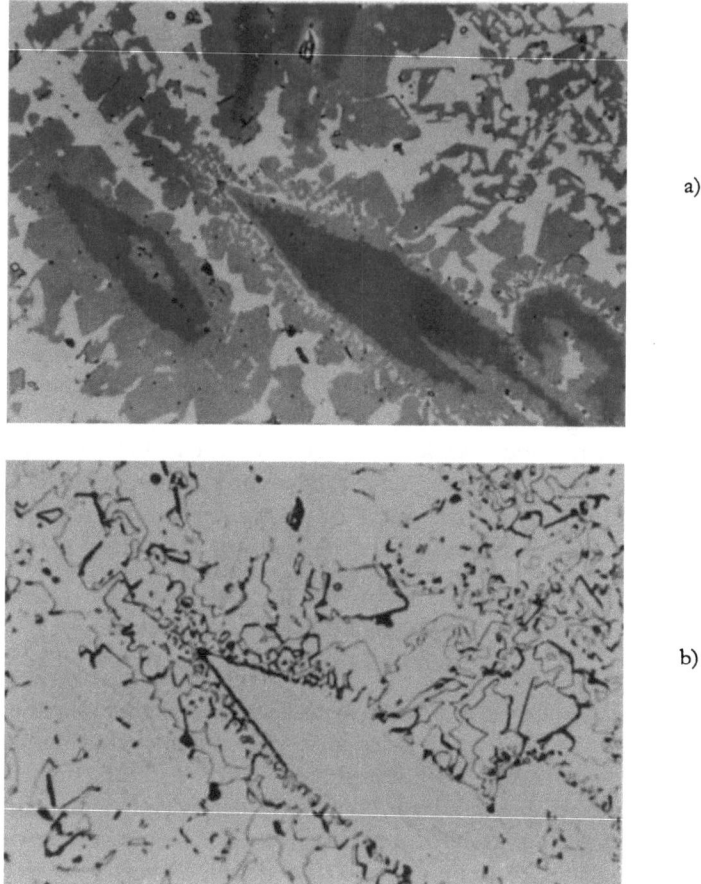

Abb. 10: Gefüge von Ferrochrom mit 4,96% C und 72,58% Cr. (V = 200:1)
a) bedampft mit ZnSe
b) geätzt

Gefüge eines legierten Stahls zeigt σ-Phase-Ausscheidungen (mittelgrau) und sehr feine, perlschnurartig an den Korngrenzen ausgeschiedene Chromkarbide (dunkel). Im Interferenzbild werden diese Ausscheidungen in ihrer wirklichen Größe und Gestalt wiedergegeben, während durch den Ätzangriff einzelne Teilchen herausgelöst wurden, so daß nurmehr ein stark vergröbernder Umriß der Ausscheidungen beobachtet werden kann.

Große Phasenwinkelunterschiede zwischen den Gefügebestandteilen führen wegen der unterschiedlichen spektralen Lage der Interferenzminima zu farblich stark differenzierten Gefügebildern, durch die eine Identifizierung der Gefügekomponenten sehr erleichtert wird. Die farbenphotographische Gefügeaufnahme des Werkstoffs Nimonic 80 A (Abb. 12, s. Bildtafel) läßt fünf „verschiedenfarbige" Bestandteile erkennen: Neben der austenitischen Grundmasse (rot) Titankar-

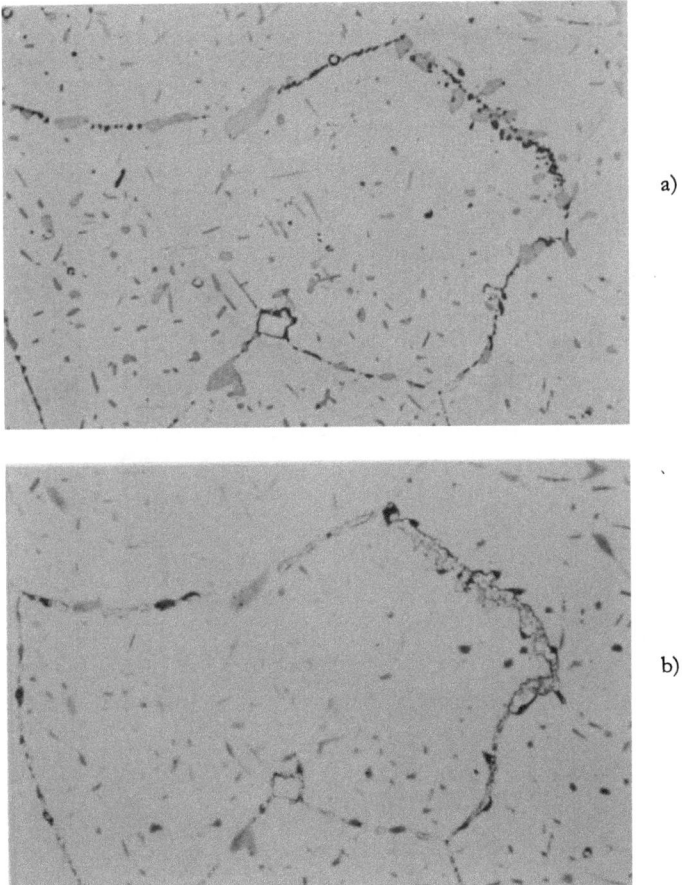

Abb. 11: Stahl X10CrNiMoTi 18 10 (15 min 1300°C/Wasser + 3000 h 800°C) (V = 500:1)
a) bedampft mit TiO_2
b) elektrolytisch geätzt mit Bleiacetat

bonitride ohne Molybdän (hellblau), Titankarbonitride mit Molybdän (pupurfarbig), Karbide des Typs $M_{23}C_6$ (hellrot) und längliche Zirkon-Titansulfide (grün).

Mit überzeugendem Erfolg konnte das Interferenzschichten-Verfahren zur Sichtbarmachung von Hartmetallgefügen angewendet werden (37, 59). Da die optischen Konstanten der Hartmetall-Gefügebestandteile sehr unterschiedlich sind, erhält man farblich sehr kontrastreiche Gefügebilder, die den herkömmlichen, durch Ätzen entwickelten Gefügebildern überlegen sind, weil alle Bestandteile gleichzeitig in einem „Entwicklungsgang" sichtbar werden und selbst feinstkörnige Komponenten sicher zu differenzieren sind. Als Beispiel für die Anwendung des Verfahrens auf die Mikroskopie der Hartmetalle zeigt Abb. 13 (s. Bildtafel) eine farbenphotographische Gefügeaufnahme einer Mehrkarbid-Hartmetall-Legierung, auf der man neben der rötlich-weißen Kobaltphase gelbe Wolframkarbide und rote Wolfram-Titan-Tantal-Mischkarbide erkennt.

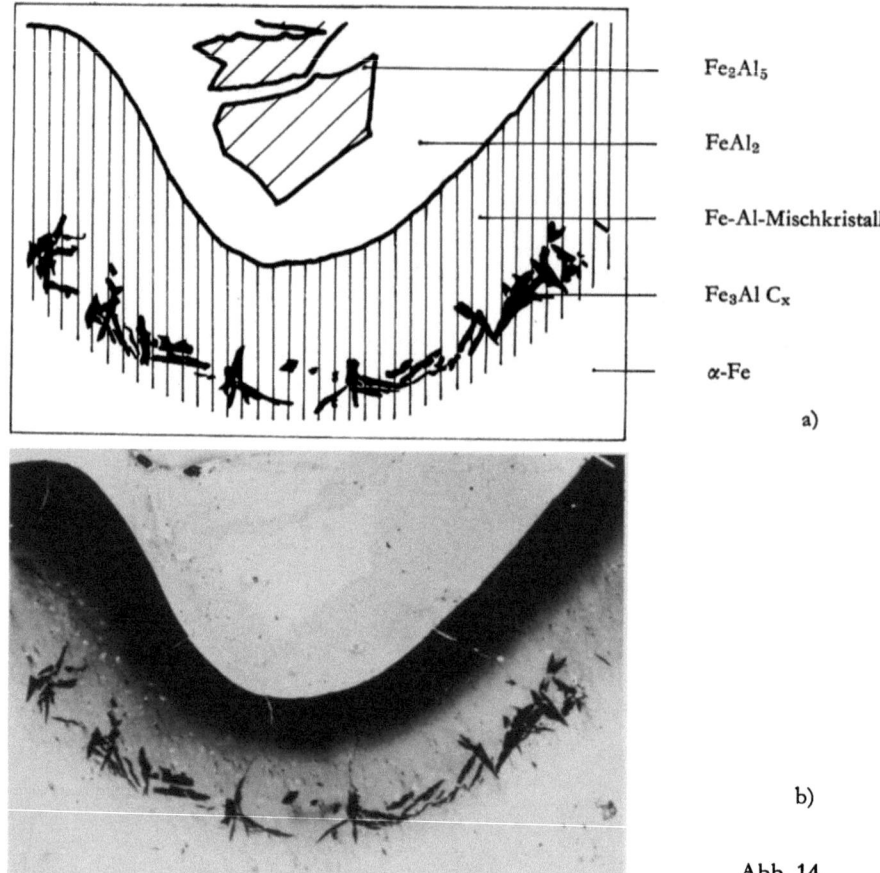

Abb. 14

Für geringer reflektierende Proben (Oxide, Sulfide usw.) stellen die in Tab. 1 aufgeführten Fluoride geeignete Schichtsubstanzen dar (11). Ihre relativ geringe Brechzahl gewährleistet weitgehende Erfüllung der Amplitudenbedingung.

Im allgemeinen unterscheiden sich verschiedene Gefügekomponenten sowohl durch Amplituden- als auch Phasenwinkelunterschiede. Da in mehrphasigen Gefügen zwischen den einzelnen Bestandteilen untereinander mehr oder weniger ausgeprägte Unterschiede im optischen Verhalten bestehen, darf nicht erwartet werden, daß durch eine bestimmte Aufdampf- und Beobachtungsanweisung alle Komponenten in einem weitgehend optimalen Kontrast erscheinen. Vielmehr bedarf es in vielen Fällen einer Veränderung dieser Bedingungen, damit eine sichere Differenzierung aller Komponenten gewährleistet ist. Art der Schichtsubstanz, Schichtdicke und Beobechtungswellenlängen sind — wie in Abschnitt II ausführlich erörtert wurde — die Einflußgrößen, die den Bildkontrast bestimmen. In welcher Weise sie eine Veränderung der Kontrastverhältnisse ermöglichen, sei an folgenden Beispielen demonstriert.

Abb. 14 zeigt die Helligkeitskontraste zwischen verschiedenen Komponenten des ternären Systems Fe-Al-C im grünen Licht bei unterschiedlicher Dicke der auf-

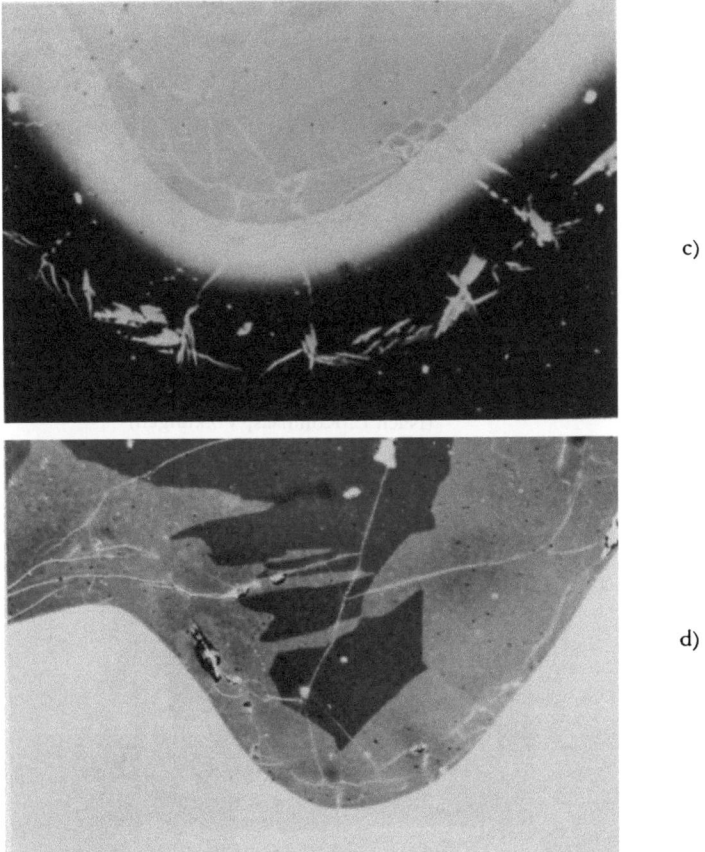

Abb. 14: Helligkeitskontraste zwischen verschiedenen Phasen des Systems Fe-Al-C bei unterschiedlicher Schichtdicke. (ZnSe-Bedampfung, Beobachtungswellenlänge 550nm) (V = 200:1)
    a) Kennzeichnung der Phasen
    b) blaßgelb
    c) purpurfarbig   } bedampft 0. Ordnung
    d) blau
(nach [8])

gedampften Zinkselenidschicht. Die starke Abhängigkeit der Kontrastverhältnisse von der Schichtdicke äußert sich in der Weise, daß die Phasen Fe_2Al_5 und $FeAl_2$ bei (makroskopisch) gelber und purpurfarbiger Bedampfung kaum, bei blauer Bedampfung sehr deutlich differenziert werden, während bei dieser Schichtdicke die Karbide und der Fe-Al-Mischkristall sich weder untereinander noch vom α-Eisen unterscheiden, dagegen starke Kontraste bei den beiden anderen Schichtdicken aufweisen. Bemerkenswert sind die auftretenden Kontrastumkehrungen und die deutlichen Helligkeitsveränderungen in der Fe-Al-Diffusionszone.

Auf sehr einfache Weise können die Kontraste der Gefügebestandteile untereinander durch Variation der Beobachtungswellenlänge in erheblichem Umfang

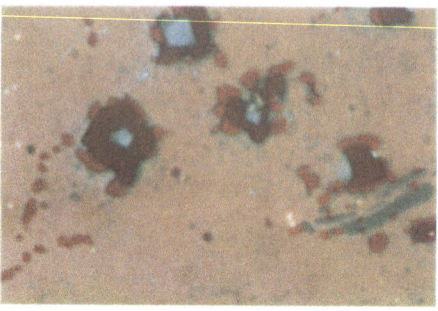

Abb. 12: Nimonic 80A + 4,5 Mo (mit ZnSe bedampft) (V = 1000:1)
(Nach E. Kohlhaas, Völklingen)

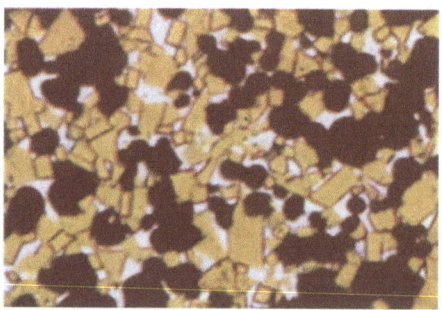

Abb. 13: WC-TiC-TaC-Co-Hartmetall-Legierung (mit ZnSe bedampft) (V = 1000:1)
(Nach E. Kohlhaas, Völklingen)

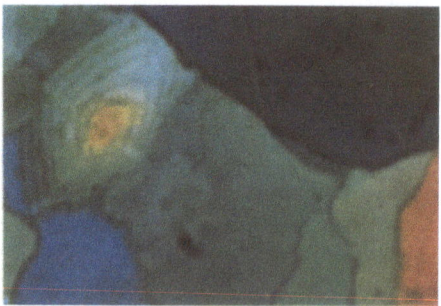

Abb. 29: Durchlicht-Interferenzbild der Kristallisation von 2,3-Benzofluoren. (V = 600:1)
(nach [53])

verändert werden. Zu diesem Zweck sollte an Stelle eines Filtersatzes ein Verlauffilter in den Strahlengang des Mikroskops eingeschaltet werden (8, 38). Ein solches Verlauffilter ermöglicht durch einfaches Verschieben eine lückenlose, weitgehend monochromatische Beobachtung im gesamten sichtbaren Spektrum von 400 bis 750 nm. Die Halbwertbreite der Durchlaßbanden beträgt etwa 12 nm. Infolge der hohen Lichtverluste, die durch ein Verlauffilter verursacht werden, reicht im allgemeinen eine Niedervoltlampe als Mikroskopbeleuchtung nicht mehr aus. Es ist zweckmäßig, eine stärkere Beleuchtungsquelle zu wählen, die allerdings „weißes" Licht emittieren sollte (Halogenlampe, Xenon-Höchstdrucklampe u. a.).

Die Beeinflussung der Kontraste durch Veränderung der Beobachtungswellenlänge sei wiederum am Beispiel des ternären Systems Fe-Al-C gezeigt. Wird die Schliffoberfläche mit einer ZnTe-Interferenzschicht makroskopisch purpurfarbig bedampft, so weisen die einzelnen Gefügebestandteile das in Abb. 15 dargestellte

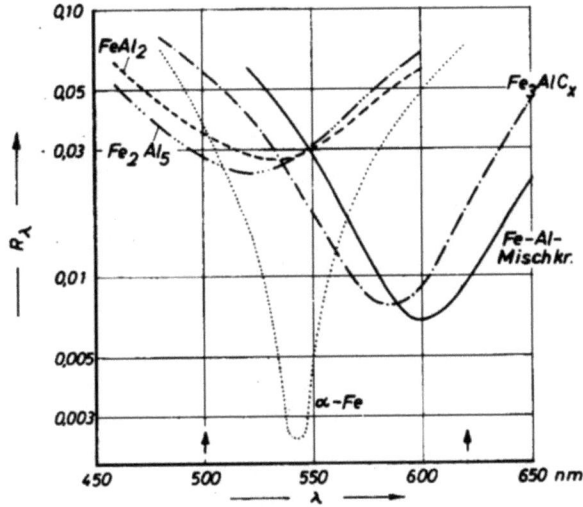

Abb. 15: Spektrales Reflexionsvermögen der im System Fe-Al-C auftretenden Phasen (ZnTe-Interferenzschicht 1. Ordnung) (nach [8])

mit einem Mikroskop-Photometer gemessene spektrale Reflexionsvermögen auf. Aus der unterschiedlichen spektralen Lage der Interferenzminima und den unterschiedlichen Reflexionswerten folgen mehrfache Überschneidungen der Reflexionsspektren. Wird das mikroskopische Bild mit Hilfe eines Verlauffilters im Licht verschiedener Wellenlängen beobachtet, so treten — den Reflexionsspektren entsprechend — stark wechselnde Helligkeitskontraste und -umkehrungen zwischen den Gefügebestandteilen auf. Die beiden mikrophotographischen Aufnahmen in Abb. 16 bilden dafür ein Beispiel.

Die Verwendung eines Verlauffilters ist gegenüber der Beobachtung im weißen Licht oder durch ein Grünfilter so gewinnbringend, daß in keinem Fall darauf verzichtet werden sollte. So sind z. B. im weißen Licht die Kontraste im allgemeinen fast unabhängig von der Interferenzordnung, obwohl die Halbwertbreiten der

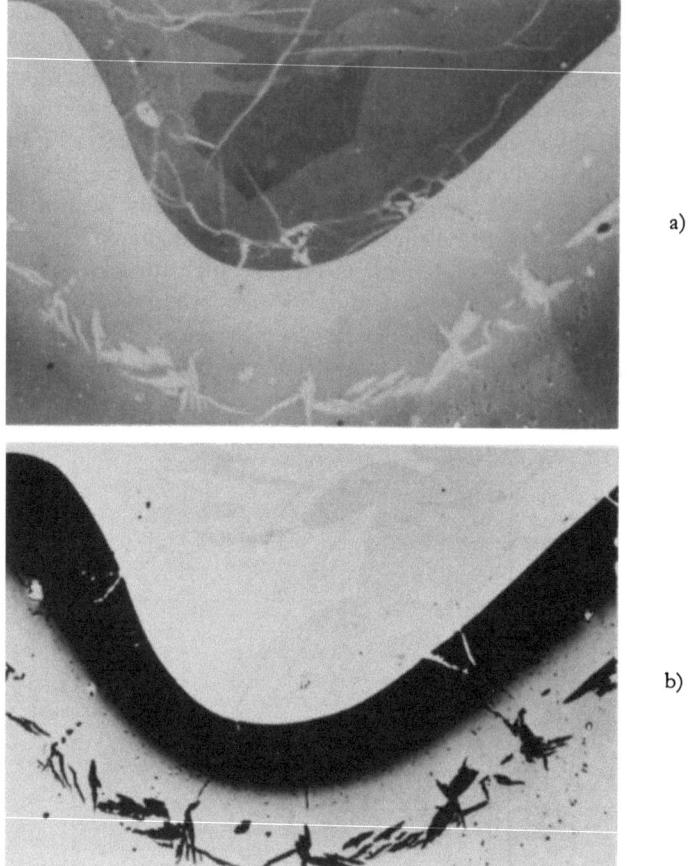

Abb. 16: Helligkeitskontraste zwischen verschiedenen Phasen des Systems Fe-Al-C bei zwei Beobachtungswellenlängen (V = 200:1)
a) $\lambda = 500$ nm
b) $\lambda = 620$ nm
(ZnTe-Interferenzschicht 1. Ordnung) (nach [8])

Interferenzbanden erster Ordnung weit geringer sind als die der nullten Ordnung (s. Abb. 2). Durch Verwendung eines Verlauffilters sind dagegen sehr viel deutlichere Änderungen der Kontrastverhältnisse möglich. Eine noch weitergehende Verbesserung sollte erreicht werden können, indem mit Hilfe des Verlauffilters die starke Wellenlängenabhängigkeit der Absorptionskonstanten absorbierender Interferenzschichten ausgenutzt wird (s. S. 14).

Die mitgeteilten Beispiele und eine Reihe weiterer metallographischer Arbeiten (7, 13, 32, 51, 52) zeigen die vielseitige Anwendbarkeit der Gefügeentwicklung durch Interferenz-Aufdampfschichten. Da das Verfahren optische Unterschiede zwischen verschiedenen Kristalliten voraussetzt, sind damit auch seine Grenzen aufgezeigt: Optisch gleiche Gefügebestandteile werden nicht differenziert. So wird das Gefüge eines kubischen, einphasigen Vielkristalls nicht entwickelt, da alle Kristallflächen die gleichen optischen Eigenschaften besitzen. Man kann diesen Mangel wettmachen, indem durch vorheriges Anätzen der zu bedampfenden Oberfläche die Kristallitbegrenzungen entwickelt werden. Häufig treten aber als Folgeerscheinung nach dem Bedampfen unterschiedliche Interferenzfarben auf Kristalliten mit voneinander abweichender Kristallorientierung auf. Sie werden durch unterschiedlich dicke, im unbedampften Zustand nicht sichtbare Oxidfilme verursacht, die sich beim Ätzen auf der Oberfläche der Metalle bilden. Im Falle der Gefügeentwicklung von Hartwerkstoffen, bei denen die Entstehung oxydischer Schichten weitgehend ausgeschlossen ist, hat sich die kombinierte Anwendung des Ätzens und der nachfolgenden Bedampfung sehr gut bewährt (60). Unmittelbar benachbarte, kubische Kristallite, die, wenn sie ausschließlich bedampft werden, einheitlich erscheinen, können auf diese Weise deutlicher als einzelne Kristallite erkannt werden. Es sei noch angemerkt, daß bedampfte Proben auch unter Verwendung von Ölimmersionsobjektiven betrachtet werden können.

Die Interferenzschichten-Mikroskopie bietet so offenkundige Vorzüge, daß sie nicht nur eine sehr nützliche Ergänzung der herkömmlichen mikroskopischen Verfahren darstellt, sondern in vielen Fällen — vor allem bei zunächst unbekannten, mehrphasigen Gefügen — sich als überlegen erweist. Darüber hinaus erlauben die mathematischen Beziehungen zwischen den optischen Konstanten der Gefügebestandteile und der erzielten Interferenzwirkung auch quantitative Aussagen, die — wie im folgenden Abschnitt ausgeführt wird — für eine Gefügediagnostik von Interesse sein mögen. Diese Möglichkeit bleibt indessen auf nichtabsorbierende Interferenzschichten beschränkt.

V. Quantitative mikroskopische Untersuchungen mit Hilfe aufgedampfter Interferenzschichten

Neben der Aufgabe der Auflichtmikroskopie, den Gefügeaufbau von Werkstoffen, Mineralien usw. möglichst „wirklichkeitstreu" und ausreichend kontrastreich zu entwickeln, wird das Ziel angestrebt, quantitative Angaben über die einzelnen Bestandteile des Gefüges zu gewinnen, und zwar nicht nur hinsichtlich geometrischer, formaler Größen, wie Form und Menge der Bestandteile, sondern vor allem über die Art der einzelnen Kristallite und ihre chemische Zusammensetzung. Der naheliegende Gedanke, quantitative Beziehungen herzustellen zwischen den optischen Eigenschaften der Gefügebestandteile und deren Struktur, deren chemischer Zusammensetzung usw., hat wiederholt dazu angeregt, Reflexionsmessungen an einzelnen Gefügebestandteilen mit Hilfe eines Mikroskop-Photometers durchzuführen, in der Hoffnung, mit diesen Zahlenwerten eine Kennzeichnung der Bestandteile zu erreichen (17, 44, 61). Solche Messungen dürften aber keine hinreichend eindeutige quantitative Beschreibung ermöglichen, da die Reflexionsunterschiede häufig nur gering sind und Meßfehler, die von Oberflächenstörungen (Rauhigkeiten, Kratzer, Einschlüsse usw.) herrühren, diese Unterschiede erheblich verfälschen können, ja diese zum Teil überdecken. Durch das Reflexionsvermögen allein wird das optische Verhalten absorbierender Stoffe — wie in Abschnitt II dargestellt — nicht vollständig beschrieben: Gleichen Reflexionsvermögen können sehr verschiedene optische Konstanten, d. h. verschiedene Wertepaare der Brechzahlen und Absorptionskoeffizienten, zugrunde liegen. Beide Konstanten sind somit Merkmale, die eine genauere Unterscheidung ermöglichen. Die beiden bisher bekannten Verfahren der Messung optischer Konstanten im Auflichtmikroskop sind einmal Reflexionsmessungen in zwei verschiedenen Immersionsmedien (Luft und Öl) und zum anderen ein von BEREK abgewandeltes Verfahren nach DRUDE, bei dem die optischen Konstanten bei schrägem Lichteinfall bestimmt werden. Beide Verfahren (17), über die nur spärliche Erfahrungen vorliegen, führen zu Ergebnissen, die mit unzulässig großen Fehlern behaftet sind.

Das Interferenzschichten-Verfahren ermöglicht eine weit genauere Bestimmung der optischen Konstanten und gewährt im Fall hinreichend unterschiedlicher Interferenzfarben quantitative Aussagen über Phasenwinkelunterschiede zwischen verschiedenen Gefügebestandteilen, auf die eine Gefügediagnostik aufgebaut werden kann (56).

a) Die Bestimmung optischer Konstanten

Da die Verstärkung der Amplituden- und Phasenwinkelunterschiede durch aufgedampfte Interferenzschichten lediglich von den optischen Konstanten des Schicht- und Trägermaterials abhängt, ermöglicht der in Abb. 3 dargestellte Zusammenhang eine Bestimmung der optischen Konstanten absorbierender Stoffe. Die optischen Konstanten n und k sind bei bekannter Brechzahl der Schicht bestimmt durch den Schnittpunkt zweier Kreise, die durch eine Messung zweier Reflexionsvermögen gewonnen werden:
1. durch das Reflexionsvermögen R einer unbeschichteten Probenoberfläche an Luft, das mit den optischen Konstanten nach Gleichung [5] verknüpft ist;
2. durch das Reflexionsvermögen R_{Min} der beschichteten Oberfläche im spektralen Minimum (Gleichung [10]).

Neben der graphischen Ermittlung der optischen Konstanten aus Abb. 3 folgt die Möglichkeit ihrer rechnerischen Bestimmung aus den Koordinaten des Schnittpunktes der beiden Kreise für R bzw. R_{Min}, die gegeben sind durch:

$$[21a] \quad n = \frac{n_{M_2} + n_{M_1}}{2} - \frac{\varrho_2^2 - \varrho_1^2}{2(n_{M_2} - n_{M_1})},$$

$$[21b] \quad k = \sqrt{\frac{\varrho_2^2 + \varrho_1^2}{2} - \frac{(n_{M_2} - n_{M_1})^2 + \left(\dfrac{\varrho_2^2 - \varrho_1^2}{n_{M_2} - n_{M_1}}\right)^2}{4}}.$$

n_{M_1} und n_{M_2} bedeuten die Mittelpunkte und ϱ_1 und ϱ_2 die Radien der Kreise für R bzw. R_{Min}.

Die graphische und rechnerische Ermittlung der optischen Konstanten erfordert — dem Aufbau der Formeln [6a] und [6b] bzw. [11a] und [11b] entsprechend — sehr genaue Reflexionsmessungen. Erfahrungsgemäß sind mikroskopische Reflexionsmessungen an gut reflektierenden Oberflächen mit einem Fehler von etwa

R ± 0,005 behaftet, während die Genauigkeit an beschichteten Oberflächen infolge der besseren Erkennbarkeit von störenden Oberflächenfehlern (Kratzer, Poren, kleine Einschlüsse usw.) etwa R_{Min} ± 0,002 bis 0,003 beträgt. Die Fehler, mit denen die aus zwei Reflexionsmessungen ermittelten optischen Konstanten behaftet sind, seien für eine Stahloberfläche (n = 2,3 k = 3,3) an Hand von Abb. 17 erörtert. Die Darstellung bietet gleichzeitig einen Genauigkeitsvergleich

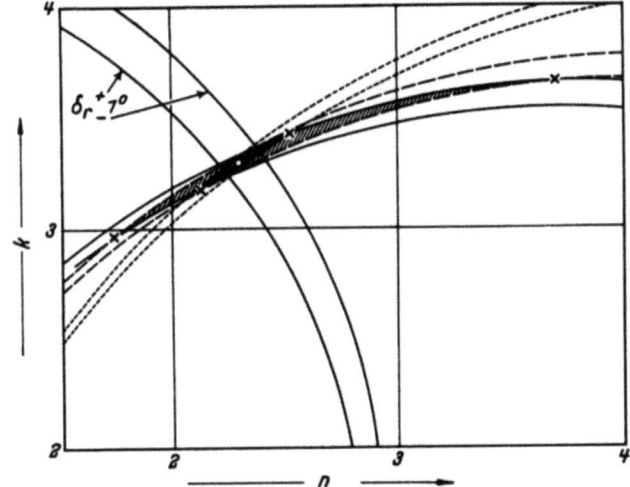

Abb. 17: Zur Genauigkeit der Konstantenbestimmung
——— R_{Luft} ± 0,005
– – – $R_{Öl}$ ± 0,005
······· R_{Min} ± 0,002

zwischen dem erwähnten Verfahren der Konstantenbestimmung aus zwei Reflexionsmessungen in verschiedenen Immersionsmedien (Luft und Öl) (14) und dem hier beschriebenen Interferenzschichten-Verfahren. Aus den Schnittpunkten der Kreisbogen für R_{Luft} ± 0,005 (ausgezogene Linien) und $R_{Öl}$ ± 0,005 (gestrichelte Linien) ergibt sich für die Brechzahl der Stahloberfläche

$$n = 2,3 \, ^{+\,60\,\%}_{-\,30\,\%}$$

und für den Absorptionskoeffizienten

$$k = 3,3 \pm 10\,\%.$$

Wegen dieser großen Ungenauigkeit besonders in der Brechzahlbestimmung, die in Abb. 17 durch die einfach schraffierte Fläche gekennzeichnet ist und die anschaulich aus den flachen Schnittwinkeln der Kreisbogen folgt, ist dieses Verfahren der Bestimmung optischer Konstanten an metallischen Oberflächen völlig ungeeignet.

Aus den Schnittpunkten der Kreisbogen, die den Werten R_{Luft} ± 0,005 und R_{Min} ± 0,002 (punktierte Linien) entsprechen, folgen hingegen weit geringere

Fehler, die — durch die doppelt schraffierte Fläche dargestellt — für die Brechzahl etwa ± 10%, für den Absorptionskoeffizienten etwa ± 4% betragen. Diese schon befriedigende Genauigkeit erfährt indessen durch *spektrale* Reflexionsmessungen insofern eine weitere Verbesserung, als eine genaue Wellenlängenbestimmung der Interferenzminima Aussagen über die Phasenwinkel erlaubt. Zwar ist eine absolute Messung des Phasenwinkels auf diese Weise nicht möglich, da sie die Kenntnis der Schichtdicke voraussetzt. Die Phasenwinkelunterschiede aber zwischen der Probe und einem bekannten Vergleichsobjekt oder zwischen verschiedenen, im Gefüge nebeneinanderliegenden Kristalliten, die dieselbe Bedampfung erfahren, ergeben sich unmittelbar aus der unterschiedlichen Lage der Interferenzminima. Da diese auf $\Delta \lambda = 1$ bis 2 nm, d. h. die Phasenwinkelunterschiede auf etwa ± 1° bestimmt werden können, verringert sich der Fehler auf

$$n \pm 5\% \text{ und } k \pm 2\%,$$

wie aus dem durch die Phasenwinkel-Kreisbogen begrenzten Bereich in Abb. 17 hervorgeht.

Die Reflexionsmessungen werden mit einem Mikroskop-Photometer durchgeführt, in dessen Strahlengang ein Monochromator oder ein Verlauffilter eingeschaltet ist. Die Gesichtsfeldblende des Mikroskop-Photometers kann so weit eingeengt werden, daß Messungen an Objektstellen von einigen μm Durchmesser möglich sind. Dabei ist mit Sorgfalt auf eine einwandfreie Planlage des Präparates zu achten, da geringste Neigungen des Objektes oder abgerundete Oberflächen kleiner Bestandteile — vom Polierprozeß verursacht — sich erheblich auf die Meßwerte auswirken. Über Aufbau, Wirkungsweise und Justierung der Photometer unterrichten die Druckschriften der Lieferfirmen*).

Während für die qualitative Gefügeentwicklung zumeist Interferenzschichten der 0. Ordnung aufgedampft werden, sind für quantitative Untersuchungen Interferenzschichten der 1. Ordnung erforderlich, da diese ausgeprägtere, schmale Interferenzbanden aufweisen, die eine genaue spektrale Vermessung der Interferenzminima erlauben (s. Abb. 2).

Als Beispiel für dieses Verfahren soll die Bestimmung der optischen Konstanten von Eisenlegierungen betrachtet werden, in deren Gefüge die α- und γ-Phasen nebeneinander vorliegen. Die Ergebnisse der Reflexionsmessungen an α'- und γ-Kristalliten einer Fe-C-Legierung sind in Abb. 18 dargestellt. Die Meßpunkte sind jeweils Mittelwerte aus fünf Meßreihen an verschiedenen Kristalliten. Während die Differenz $R_\gamma - R_{\alpha'}$ bei der Reflexion an Luft einige Prozent beträgt, weist die γ-Phase nach der Bedampfung im Interferenzminimum ein um etwa 50% höheres Reflexionsvermögen als die α'-Phase auf. Der Phasenwinkelunterschied entspricht einer spektralen Verschiebung der Interferenzminima um einige nm. Die optischen Konstanten, die rechnerisch mit Hilfe der Gleichungen [21a] und [21b] bzw. graphisch nach Abb. 3 ermittelt werden, weisen eine befriedigende Genauigkeit auf; der Fehler beträgt unter Berücksichtigung einer Abb. 17 entsprechenden Fehlerrechnung $n \pm 0,05$ und $k \pm 0,04$.

---

*) E. Leitz, Wetzlar; C. Reichert, Wien; C. Zeiss, Oberkochen.

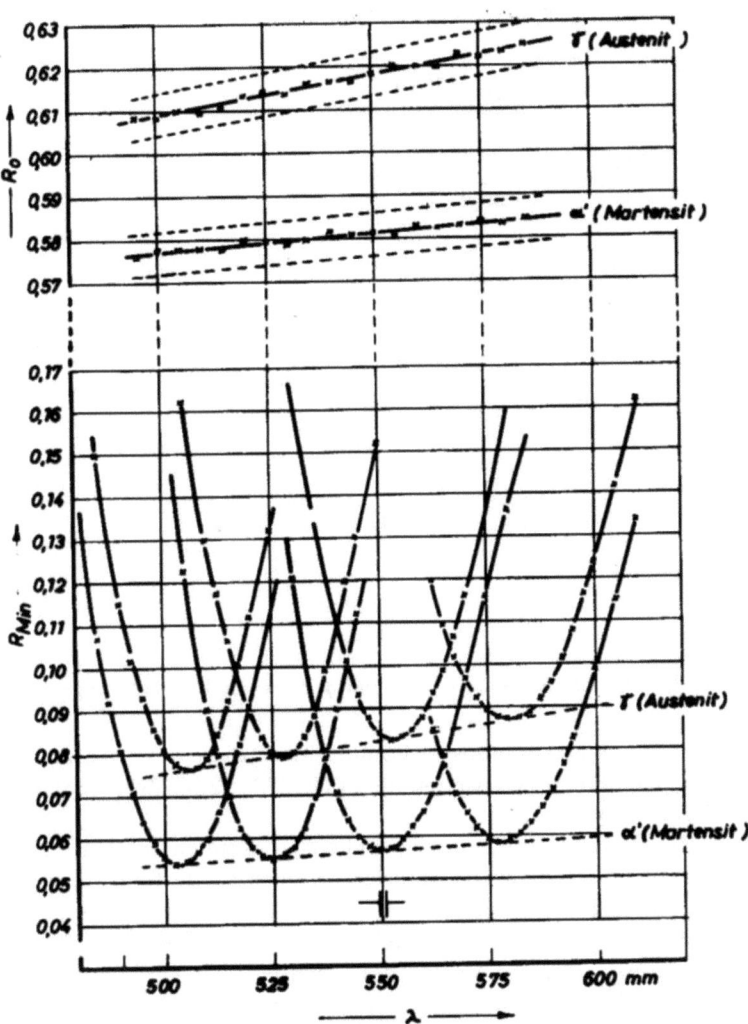

Abb. 18: Spektrales Reflexionsvermögen R_0 und R_{Min} der α'- und γ-Phase eines Stahles mit 1% C und 0,6% Mn

Die Ergebnisse sind gleichzeitig mit den optischen Konstanten, die an zwei anderen Eisenlegierungen erzielt wurden, unter Berücksichtigung ihrer Fehlergrenzen in Abb. 19 dargestellt. Wenn auch die erheblich unterschiedlichen Zusammensetzungen der drei Legierungen einen großen Einfluß auf die Absolutwerte der optischen Konstanten ausüben, so zeigen sie aber übereinstimmend, daß die γ-Phase grundsätzlich einen höheren Absorptionskoeffizienten besitzt als die α-Phase. Das größere Reflexionsvermögen der γ-Phase beruht also allein auf dem höheren Absorptionskoeffizienten, während die Brechzahlunterschiede innerhalb der Meßgenauigkeit liegen.

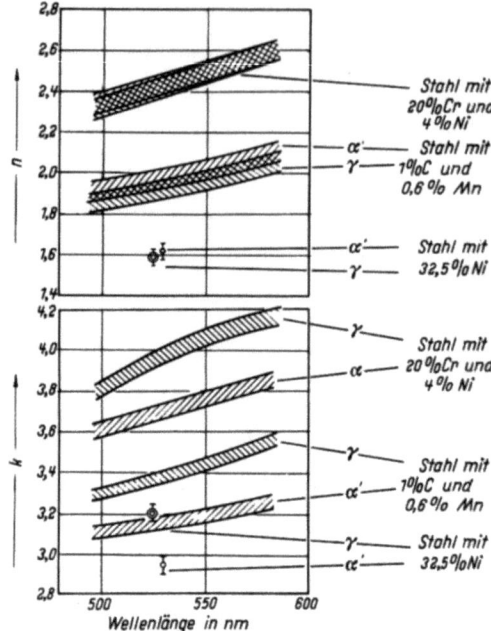

Abb. 19: Optische Konstanten der α- und γ-Phase von Eisenlegierungen

Weitere Konstantenbestimmungen konnten nach diesem Verfahren an metallischen Phasen (10) und an Hartwerkstoffen [TiC-TiN; ZrC-ZrN] (36) mit gutem Erfolg durchgeführt werden.

Systematische Bestimmungen der optischen Konstanten einzelner Gefügebestandteile mit Hilfe aufgedampfter Interferenzschichten dürften, da sie mit hinreichender Genauigkeit reproduzierbar durchgeführt werden können, sowohl im Hinblick auf die Gefügediagnostik als auch aus metallphysikalischen Gründen von besonderem Interesse sein. Ein Vorteil des beschriebenen Verfahrens besteht darin, daß aufgrund der mikroskopischen Beobachtung die Messungen an Einkristallen durchgeführt werden. Meßfehler, die von Korngrenzen, Oberflächenkratzern, Einschlüssen usw. herrühren, können dabei durch eine sorgfältige Auswahl störungsfreier Kristalloberflächen vermieden werden.

b) Messung von Phasenwinkelunterschieden

Es wurde schon erörtert, daß die Gefügeentwicklung durch Interferenz-Aufdampfschichten ein sehr empfindliches „Phasenkontrast-Verfahren" darstellt. Gefügebestandteile, die sich durch verschiedene Phasenwinkel bei der Reflexion des Lichtes unterscheiden, erscheinen verschiedenfarbig, da ihre Interferenzminima bei gleicher Dicke der aufgedampften Schicht an verschiedenen Stellen im Spektrum auftreten. So weisen z.B. Mangan- und Eisensulfide sehr unterschiedliche Interferenzfarben auf. Wird eine Stahloberfläche mit einer solchen Zinksulfid-Interferenzschicht bedampft, daß sie rot erscheint, so heben sich die dunklen purpurfarbenen Eisensulfid-Einschlüsse von den gelb aussehenden Mangansulfiden ab. Mischsulfide zeigen ihrer Zusammensetzung entsprechende Mischfarben, vornehmlich verschiedene Gelb- und Brauntöne.

Eine spektralphotometrische Ausmessung der Interferenzminima verschiedener Sulfideinschlüsse liefert die in Abb. 20 dargestellten Ergebnisse. Nach einer Bedampfung mit Zinksulfid beträgt der spektrale Abstand zwischen reinem FeS und

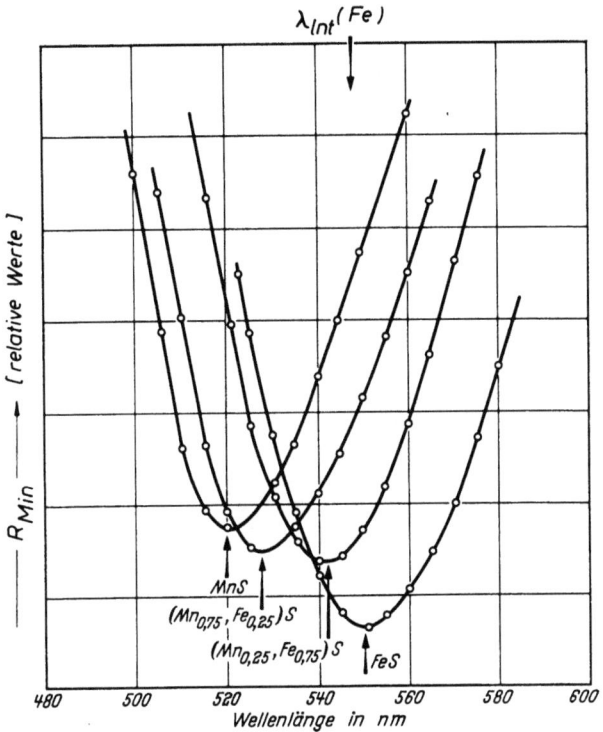

Abb. 20: Interferenzminima verschiedener Sulfideinschlüsse
(ZnS-Bedampfung, Interferenz 1. Ordnung)

reinem MnS bei den angegebenen Wellenlängen 30 nm, während die Interferenzminima von Mischsulfiden sich dazwischen einordnen. Die an zahlreichen Eisenlegierungen mit verschiedenen Eisen-Mangan-Schwefel-Verhältnissen erzielten Ergebnisse sind in Abb. 21 dargestellt. Offensichtlich besteht ein Zusammenhang zwischen der spektralen Lage der Interferenzwellenlänge und der chemischen Zusammensetzung der Sulfide, wie ein Vergleich mit dem Zustandsschaubild des Systems FeS-MnS lehrt. Dabei wurde vorausgesetzt, daß die Interferenzwellenlänge näherungsweise linear von der Zusammensetzung abhängt. Diese Annahme scheint auch deshalb sinnvoll, weil keine Sulfideinschlüsse aufgefunden wurden, deren spektraler Abstand vom reinen FeS kleiner als — 8 nm ist. Da das System FeS-MnS eine Mischungslücke aufweist, die bei der Kristallisationstemperatur auf der manganreichen Seite bei 25 Mol-% MnS beginnt, darf angenommen werden, daß den Einschlüssen mit — 8 nm Abstand die Zusammensetzung $(Fe_{0,75} Mn_{0,25})S$

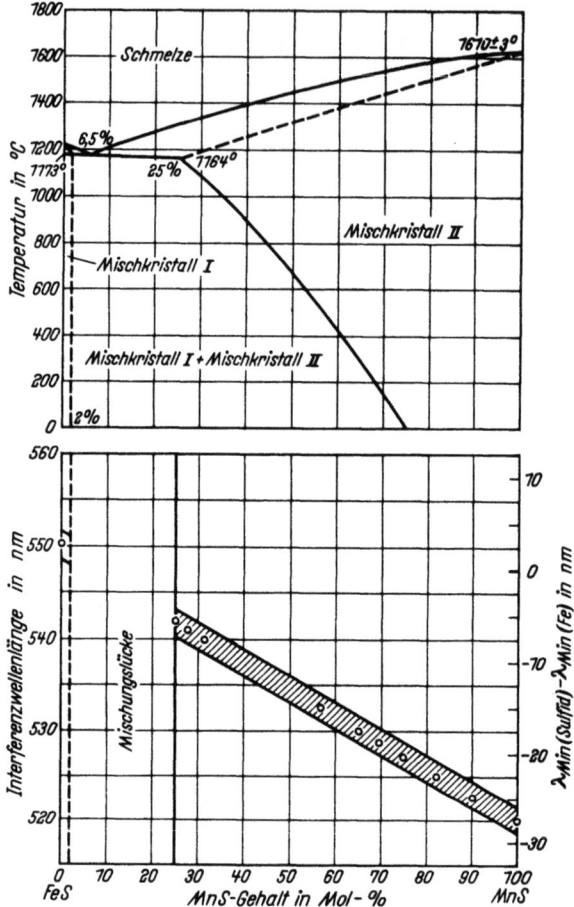

Abb. 21: Zusammenhang zwischen den Interferenzwellenlängen und dem Zustandsschaubild des Systems FeS-MnS (λ_{Min} = Wellenlänge im Interferenzminimum)

entspricht. Die anisotropen FeS-Einschlüsse zeigen hingegen innerhalb der Meßgenauigkeit keine unterschiedlichen Interferenzwellenlängen, da sich die Mischungslücke fast bis zum reinen FeS erstreckt. Auf der rechten Ordinate der Abb. 21 ist der spektrale Abstand von der Interferenzwellenlänge des reinen Eisens aufgetragen, da bei der praktischen Durchführung des Verfahrens die Bedampfung mit einer einheitlichen Schichtdicke dadurch in einfacher Weise gewährleistet ist, daß gleichzeitig mit der Probe eine Bezugsprobe — in diesem Falle reines Eisen — mit einer gleichen Schichtdicke bedampft wird. Das Interferenzminimum der Bezugsprobe soll bei der Wellenlänge $\lambda_{Min} = 550 \pm 20$ nm liegen. Größere Abweichungen verursachen Fehler in dem Sinne, daß mit kürzerer Interferenzwellenlänge der Bezugsprobe die spektralen Abstände geringer werden. Die relative Meßgenauigkeit ist durch das eingezeichnete Streuband gekennzeichnet; sie gewährleistet die Angabe der chemischen Zusammensetzung der Sulfide auf etwa $\pm$ 5 Mol-%. Es muß aber betont werden, daß diese für metallographische Untersuchungen sehr befriedigende Genauigkeit an die Voraussetzungen geknüpft ist, daß das Zustandsschaubild als hinreichend gesichert angesehen werden kann, daß die Abweichungen von der Linearität zwischen Farbe und Zusammensetzung der Einschlüsse vernachlässigt werden können und daß die Sulfide stöchiometrisch zusammengesetzt sind.

Zweifellos gibt es eine Vielzahl Systeme, die geeignete Phasenobjekte bilden und damit einfachen mikroskopischen Messungen zugänglich sind. So konnten E. KOHLHASS und O. JUNG (37) durch Vergleich mit Mikrosondenuntersuchungen zeigen, daß in karbidischen Systemen den Farbabstufungen definierte Unterschiede in der chemischen Zusammensetzung entsprechen. Der Vorteil des beschriebenen Verfahrens besteht vornehmlich darin, daß die Messung von Phasenwinkelunterschieden durch Feststellung der spektralen Lage der Interferenzminima lediglich relativer Reflexionsmessungen bedarf und dadurch weitgehend unabhängig ist von Oberflächenstörungen der Probe. Das Verfahren ist natürlich empirischer Art, da die Gewinnung hinreichend genauer Eichreihen die Voraussetzung für die praktische Anwendung ist. Es scheint aber, daß eine solche quantitative Auflichtmikroskopie eine brauchbare Ergänzung anderer mikroanalytischer Verfahren in der Metallkunde bildet.

VI. Mehrschichtensysteme

Aus der Optik dünner Schichten ist bekannt, daß man der Amplitudenbedingung genügen kann, wenn an Stelle einer Einfachschicht Mehrschichtensysteme auf den Träger gedampft werden, wobei durch geeignete Wahl der Schichtenanzahl und der verschiedenen Brechzahlen der Einzelschichten eine Anpassung an die optischen Konstanten des Trägers erfolgt.

Die gegenüber Einfachschichten weniger anschauliche Wirkungsweise von Mehrschichtensystemen und deren mathematische Beschreibung kann hier nur in einem Umfang abgehandelt werden, der für das Interferenzschichten-Verfahren von unmittelbarem Interesse ist (18). Eine umfassende Unterrichtung bieten jene Schriften, die sich ausführlich der Optik dünner Schichtensysteme widmen (77, 81).

a) Zur Optik von Mehrschichtensystemen auf absorbierenden Oberflächen

Durch iterative Anwendung der für eine Einfachschicht gültigen Gleichung [10] lassen sich für beliebige Schichtzahlen mit unterschiedlichen Brechungsindizes Beziehungen gewinnen, die diese Schichtbrechzahlen mit denen des Trägers verknüpfen. Ist n_{s_1} die Brechzahl der ersten Schicht, n_{s_2} die der zweiten Schicht usw. und führt man mit n^* eine effektive Brechzahl des Trägers ein, so beschreiben folgende Gleichungen die völlige Auslöschung der Reflexion (m = Zahl der Schichten):

[22]
$$m_{gerade}: n_{s_1}^2 n_{s_3}^2 \ldots n_{s_{m-1}}^2 - n_{s_2}^2 n_{s_4}^2 \ldots n_{s_m}^2 n^* = 0$$
$$m_{ungerade}: n_{s_2}^2 n_{s_4}^2 \ldots n_{s_{m-1}}^2 n^* - n_{s_1}^2 n_{s_3}^2 \ldots n_{s_m}^2 = 0.$$

Indem man n_{s_1} vorgibt, kann man den Reflexionskoeffizienten r_1 an der Grenzfläche 1. Schicht/Träger berechnen:

Mehrschichtensysteme

[23] $$r_1 = \frac{n^* - n_{s_1}}{n^* + n_{s_1}} = \sqrt{\frac{(n - n_{s_1})^2 + k^2}{(n + n_{s_1})^2 + k^2}}.$$

Für die effektive Brechzahl gilt dann:

[24] $$n^* = n_{s_1} \frac{1 + r_1}{1 - r_1}.$$

Für Mehrschichtensysteme, die alternierend aus zwei Schichtsubstanzen n_{s_1} und n_{s_2} aufgebaut sind, bestehen für den Fall völliger Auslöschung durch Interferenz die folgenden Beziehungen:

[25a] $\qquad$ Doppelschicht $\;(m = 2)$: $\;n_{s_2} = \dfrac{n_{s_1}}{\sqrt{n^*}}$;

[25b] $\qquad$ Dreifachschicht $\;(m = 3)$: $\;n_{s_2} = \dfrac{n_{s_1}^2}{\sqrt{n^*}}$;

[25c] $\qquad$ Vierfachschicht $\;(m = 4)$: $\;n_{s_2} = \dfrac{n_{s_1}}{\sqrt[4]{n^*}}$;

[25d] $\qquad$ Fünffachschicht $\;(m = 5)$: $\;n_{s_2} = \dfrac{n_{s_1}\sqrt{n_{s_1}}}{\sqrt[4]{n^*}}$.

Welche Schichtkombinationen die Amplitudenbedingungen erfüllen, sei am Beispiel der α'-Phase einer Fe-Ni-Legierung mit 32% Ni, deren optische Konstanten $n = 1{,}62$ und $k = 2{,}94$ sind (56), betrachtet. Für die erste Schicht seien mit ZnS ($n_{s_1} = 2{,}39$) und ZnSe ($n_{s_1} = 2{,}60$) zwei leicht aufdampfbare, für die Gefügeentwicklung gut bewährte Substanzen gewählt. Durch Berechnung der effektiven Brechzahl nach Gleichung [23] und Gleichung [24] und Einsetzen in Gleichung [25] ergeben sich für n_{s_2} die folgenden Werte:

	1. Schicht: ZnS	1. Schicht: ZnSe
$m = 2$:	$n_{s_2} = 0{,}76$	$n_{s_2} = 0{,}80$
$m = 3$:	$n_{s_2} = 1{,}67$	$n_{s_2} = 2{,}09$
$m = 4$:	$n_{s_2} = 1{,}35$	$n_{s_2} = 1{,}45$
$m = 5$:	$n_{s_2} = 2{,}09$	$n_{s_2} = 2{,}33$

Aus den errechneten Zahlenwerten folgt, daß Doppelschichten nicht geeignet sind, die Reflexion völlig auszulöschen, da die für die zweite Schicht geforderten Brechzahlen < 1 nicht zu verwirklichen sind. Dagegen bieten Systeme mit mehr als drei Schichten die Möglichkeit, die Amplitudenbedingungen zu erfüllen, da für die niedrigbrechende Schicht geeignete Substanzen zur Verfügung stehen (s. Tab. 1).

Die Wahl der bestgeeigneten Schichtenkombination ist von den optischen Konstanten des Trägers empfindlich abhängig. Da diese bei den meisten Objekten nicht verläßlich bekannt sind, ist man entweder auf umständliches und zeitraubendes Probieren angewiesen oder gezwungen, diese Konstanten vorab zu bestimmen. Hierzu bietet sich das in Abschnitt V beschriebene Verfahren an, Brechzahl und Absorptionskoeffizient durch Reflexionsmessungen an der unbeschichteten und an der mit einer Einfachschicht bedampften Probenoberfläche zu ermitteln.

Man wird zwar bestrebt sein, die Zahl der aufzudampfenden Schichten möglichst gering zu halten, wenn keine Nachteile in optischer Hinsicht damit verbunden sind. Bei Schichtensystemen mit gradzahliger Schichtenzahl ist aber die äußere Schicht niedrigbrechend, und diese niedrigbrechenden Schichten besitzen gegenüber den höherbrechenden ZnSe- oder ZnS-Schichten den Vorteil größerer Haltbarkeit und Beständigkeit gegen äußere Einwirkungen. Damit ist gerechtfertigt, eine Betrachtung von Mehrschichtensystemen zum Zweck der Gefügeentwicklung auf den Fall der Vierfachschicht zu beschränken.

b) Aufbau und Wirkung von Vierfachschichten

Die Vierfachschicht wird nach dem Schema in Abb. 22 aus abwechselnd hoch- und niedrigbrechenden Schichten in der Weise aufgebaut, daß der Anschliff zunächst mit der hochbrechenden Substanz der Brechzahl n_{s_1}, wie bei der Einfach-

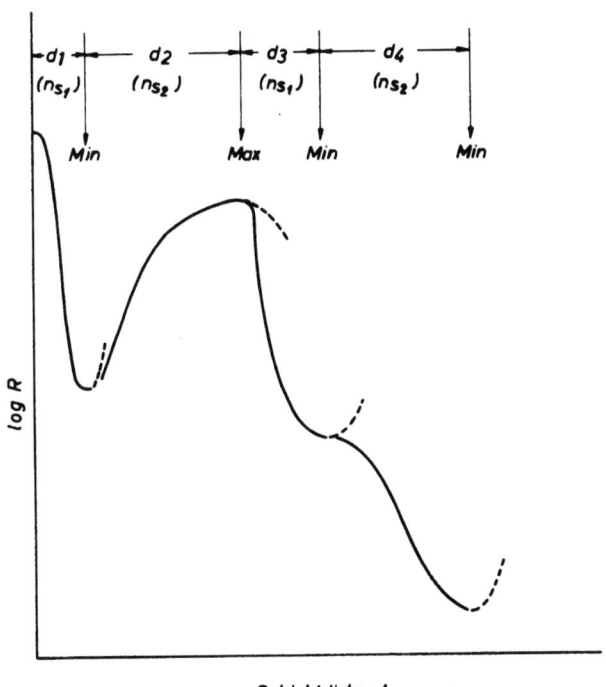

Abb. 22: Schematische Darstellung des Reflexionsvermögens beim Aufdampfen einer Vierfachschicht

schicht üblich, bis zum Reflexionsminimum bedampft wird. Die zweite Schicht besteht aus der Substanz mit der niedrigen Brechzahl n_{s_2}; die Aufdampfung erfolgt bis zum Erreichen des Reflexionsmaximums. Sowohl die dritte als auch die vierte Schicht mit der höheren (n_{s_1}) bzw. niederen Brechzahl (n_{s_2}) werden wiederum bis zum Minimum bedampft, wobei das nach der vierten Schicht erreichte Reflexionsminimum erheblich tiefer liegt als das nach dem Aufbau einer Einfachschicht. Das Schichtsystem hat danach den in Abb. 23 gezeigten Aufbau.

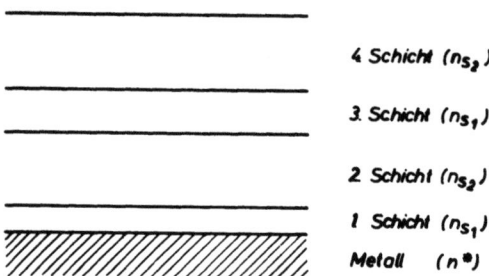

Abb. 23: Aufbau einer Vierfachschicht

Die Herstellung solcher Schichtsysteme erfordert ein Aufdampfgerät mit zwei Verdampferquellen, in dem außerdem ein Reflexionsphotometer zur kontinuierlichen Messung des Reflexionsvermögens eingebaut ist. Das Reflexionsmaximum bzw. die Minima können durch eine visuelle Beobachtung der Interferenzfarben nicht mit ausreichender Genauigkeit festgestellt werden. Die Photometerkurve läßt dagegen deutlich die Extremalwerte des Reflexionsvermögens erkennen und ermöglicht damit den rechtzeitigen Abbruch des Aufdampfvorganges für die einzelnen Schichten. Eine verspätete Unterbrechung des Aufdampfvorganges führt zu erheblichen Verfälschungen der optischen Wirkung des Mehrschichtensystems, da das Reflexionsvermögen über die Extremalwerte hinaus den gestrichelten Kurvenverläufen in Abb. 22 folgen würde.

Nachdem gezeigt wurde, daß Vierfachschichten die Amplitudenbedingung voll erfüllen, wenn die Schichtbrechzahl den optischen Konstanten des Trägers angepaßt sind, bleibt die im Hinblick auf die praktische Anwendung wichtige Frage zu erörtern, in welchem Ausmaß ein vorgegebenes Schichtsystem das Reflexionsvermögen tatsächlich vermindert, d.h. es ist zu prüfen, welcher Zusammenhang zwischen der Reflexionsverminderung und den optischen Konstanten des Trägers besteht.

Im Interferenzminimum gilt für das Reflexionsvermögen von Mehrschichtensystemen:

[26]
$$R_{Min} = \left[\frac{a - br_1}{b - ar_1}\right]^2.$$

Vierfachschichten

r_1 bedeutet den Reflexionskoeffizienten an der Grenzfläche 1. Schicht/Metall, und a und b stellen Größen dar, die durch die Schichtbrechzahlen festgelegt sind. Nach Umformen der Gleichung [26] ergibt sich die Kreisgleichung

[27]
$$\left(n - n_{s_1}\frac{1+c}{1-c}\right)^2 + k^2 = n_{s_1}{}^2\frac{4c}{(1-c)^2} = \left(\frac{2n_{s_1}\sqrt{c}}{1-c}\right)^2$$

mit

[28]
$$c = \left[\frac{a - b\sqrt{R_{Min}}}{b - a\sqrt{R_{Min}}}\right]^2 = r_1{}^2.$$

Wie im Fall der Einfachschichten werden in einem n-k-Diagramm Werte gleichen Reflexionsvermögens im Interferenzminimum R_{Min} durch Kreise beschrieben mit den Mittelpunktskoordinaten

[29a]
$$n = n_{s_1}\frac{1+c}{1-c}, \quad k = 0$$

und dem Radius

[29b]
$$\varrho = \frac{2n_{s_1}\sqrt{c}}{1-c}.$$

Für die Größen a und b in den Gleichungen [26] und [28] gelten nicht im gesamten Bereich der n- und k-Werte die gleichen Abhängigkeiten von den Schichtbrechzahlen, da an den verschiedenen Grenzflächen wechselnde Phasenbeziehungen auftreten. Vielmehr ist das n-k-Diagramm in drei Gebiete unterteilt, die in Abb. 24 durch die stark ausgezogenen Kreise abgegrenzt sind. In jedem dieser drei Gebiete gibt es eine punktiert gezeichnete Kreislinie, für die die Amplitudenbedingung ($R_{Min} = 0$) erfüllt ist. Zur Darstellung der Reflexionsminima in den einzelnen Gebieten seien die folgenden Beziehungen eingeführt:

[30a] $\quad r_2 = \dfrac{n_{s_1} - n_{s_2}}{n_{s_1} + n_{s_2}} =$ Reflexionskoeffizient der Grenzfläche S_1/S_2

[30b] $\quad r_{0_1} = \dfrac{n_{s_1} - n_0}{n_{s_1} + n_0} =$ Reflexionskoeffizient der Grenzfläche S_1/Luft

[30c] $\quad r_{0_2} = \dfrac{n_{s_2} - n_0}{n_{s_2} + n_0} =$ Reflexionskoeffizient der Grenzfläche S_2/Luft.

Im oberen Gebiet des n-k-Diagramms gilt:

[31]
$$a = r_2(3 + r_2{}^2) - r_{0_2}(1 + 3r_2{}^2)$$
$$b = (1 + 3r_2{}^2) - r_{0_2} r_2 (3 + r_2{}^2).$$

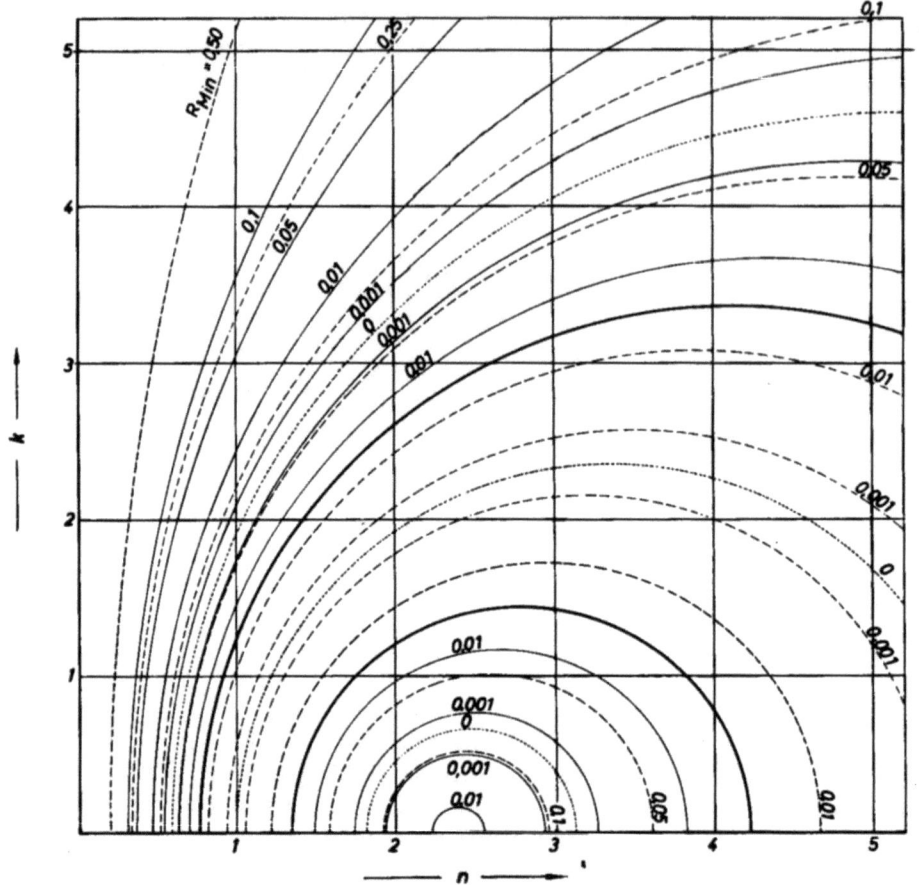

Abb. 24: Zusammenhang zwischen R_{Min} und n und k
———— Vierfachschicht aus ZnS und Na_3AlF_6
········ Einfachschicht aus ZnS

Für dieses Gebiet besteht die Bedingung

[32] $$r_1 \geqq \frac{2r_2}{1 + r_2^2}, \text{ d.h. } c \geqq \frac{4r_2^2}{(1 + r_2^2)^2}.$$

Im unteren Gebiet mit der Bedingung

[33] $$r_1 \leqq r_2, \text{ d.h. } c \leqq r_2^2$$

lauten die Beziehungen

[34] $$a = r_2 - r_{0_2}$$
$$b = 1 - r_{0_2} r_2.$$

Vierfachschichten

Im Zwischengebiet, also für

[35]
$$\frac{4r_2{}^2}{(1-r_2{}^2)^2} \geq c \geq r_2{}^2,$$

gelten mit

[36]
$$a = r_{0_1}$$
$$b = 1$$

die Gesetze der Einfachschicht mit der hochbrechenden Schichtbrechzahl n_{s_1} (s. Gleich. [10]):

[37]
$$R_{Min} = \left[\frac{r_{0_1} - r_1}{1 - r_{0_1} r_1}\right]^2.$$

Im n-k-Diagramm der Abb. 24 sind die Kreise gleichen Reflexionsvermögens im Interferenzminimum einer Vierfachschicht aus Zinksulfid ($n_{s_1} = 2{,}39$) und Kryolith ($n_{s_2} = 1{,}35$) durch ausgezogene Linien und die einer Einfachschicht aus Zinksulfid durch gestrichelte Kreislinien dargestellt. Im mittleren Bereich, in dem eine Vierfachschicht die gleiche Wirkung besitzt wie eine Einfachschicht, sind beide Kreissysteme identisch. Im unteren und oberen Bereich weist das Vierschichtensystem erheblich stärkere Reflexionsminderungen auf als die Einfachschicht. Eine Betrachtung der daraus folgenden Kontraststeigerungen kann auf den oberen Bereich beschränkt bleiben, da Mehrschichtensysteme für mikroskopische Objekte mit geringerem Reflexionsvermögen kaum von Interesse sind. Für die Stoffe, die dem unteren Bereich zuzuordnen sind, kann die Amplitudenbedingung durch Einfachschichten weitgehend erfüllt werden (s. S. 10).

Die aus den Kreissystemen ablesbaren Reflexionsunterschiede sind Mindestwerte, die dann gelten, wenn zwischen verschiedenen Gefügebestandteilen keine Phasenwinkelunterschiede auftreten. Schon geringe spektrale Verschiebungen der Interferenzminima führen durch eine Variation der Beobachtungswellenlänge zu noch kontrastreicheren mikroskopischen Bildern.

Durch Anpassung der Schichtkombination an die optischen Konstanten des Trägers kann die Amplitudenbedingung für alle realen Stoffe weitgehend erfüllt werden. In Abb. 25 sind für eine Reihe Schichtkombinationen die Kreise für $R_{Min} = 0$ punktiert gezeichnet und durch die ausgezogenen Kreislinien die unteren Grenzen des wirksamen Bereiches der Vierfachschichten angegeben, unterhalb deren die gleichen Abhängigkeiten gelten wie bei einer Einfachschicht. Aus dem Diagramm ist zu entnehmen, daß mit wachsender Brechzahldifferenz zwischen n_{s_1} und n_{s_2} der Kreis, der $R_{Min} = 0$ beschreibt, nach höheren Werten des Absorptionskoeffizienten k und damit gleichzeitig nach niederen Brechzahlwerten n verschoben wird. So wird durch die Kombination Zinktellurid-Kryolith die Amplitudenbedingung selbst für Metalle mit einem Reflexionsvermögen von nahezu 90% erfüllt.

Die kontraststeigernde Wirkung eines Vierschichtensystems gegenüber einer Einfachschicht sei am Gefüge eines Stahls X 10 CrAl 24 gezeigt, der nach mehr-

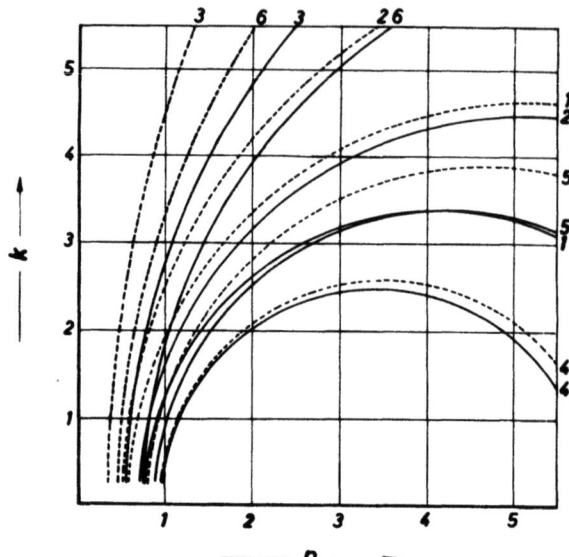

Abb. 25: Erfüllung der Amplitudenbedingung (........) und Grenzkreise der Wirksamkeit von Vierfachschicht-Systemen (_____)

1 ZnS-Na$_3$AlF$_6$ 4 ZnS-ThF$_4$
2 ZnSe-Na$_3$AlF$_6$ 5 ZnSe-ThF$_4$
3 ZnTe-Na$_3$AlF$_6$ 6 ZnTe-ThF$_4$

tausendstündigem betrieblichen Einsatz bei 700 bis 900 °C neben der ferritischen Grundmasse größere Mengen σ-Phase und Karbide des Typs $M_{23}C_6$ enthält. Der Anschliff wurde einmal mit einer Interferenz-Einfachschicht 1. Ordnung aus ZnSe bedampft, zum anderen mit einem Vierschichtsystem aus ZnSe und ThF$_4$ in der in Abb. 22 beschriebenen Weise. Das mit einem Mikroskop-Photometer gemessene spektrale Reflexionsvermögen beider Schichtsysteme ist in Abb. 26 dargestellt. Gegenüber der Einfachschicht bewirkt die Vierfachschicht eine um etwa eine Zehnerpotenz stärkere Reflexionsminderung. Das theoretisch zu erwartende Reflexionsminimum der Vierfachschicht liegt noch erheblich tiefer, wird aber wegen der begrenzten spektralen Auflösung des zur spektralen Zerlegung benutzten Verlauffilters mit einer Halbwertbreite von 12 nm nicht erreicht. Die bessere Erfüllung der Amplitudenbedingung durch die Vierfachschicht führt zu einer beträchtlichen Steigerung der Helligkeitsverhältnisse zwischen den einzelnen Gefügebestandteilen und läßt außerdem deren Phasenwinkelunterschiede deutlicher hervortreten.

Aus dem unterschiedlichen spektralen Verlauf des Reflexionsvermögens der einzelnen Phasen folgt der Einfluß der Beobachtungswellenlänge auf den Kontrast, der in weiten Grenzen verändert werden kann. Während für $\lambda = 545$ nm kein Helligkeitsunterschied zwischen der α- und σ-Phase besteht, der Kontrast zur Karbidphase aber maximal ist

$$\frac{R_{M_{23}C_6}}{R_{\alpha,\,\sigma}} \approx 0{,}3,$$

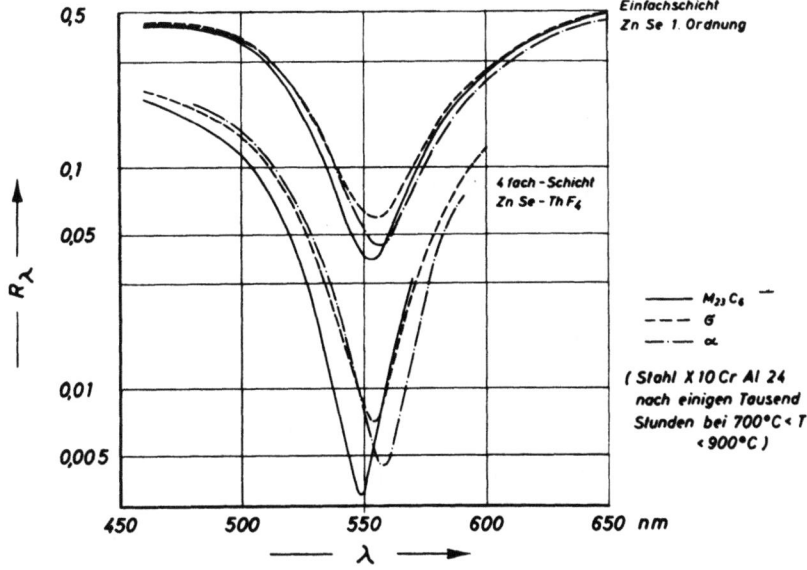

Abb. 26: Spektrales Reflexionsvermögen einer beschichteten Stahloberfläche

sind bei $\lambda = 565$ nm die Karbid- und die σ-Phase nicht zu unterscheiden, stehen aber in starkem Kontrast zur dunklen α-Phase. Bei kleineren Wellenlängen ($\lambda = 525$ nm) ist bei geringeren Kontrasten das Helligkeitsverhältnis der σ- zur α-Phase umgekehrt, während die Karbide erheblich dunkler erscheinen.

Das Aufdampfen von Mehrschichtensystemen erfordert zwar einen größeren apparativen Aufwand, doch gewährleistet deren Anwendung selbst im Fall höchstreflektierender Stoffe nahezu beliebig große Kontraste.

VII. Mikroskopie dünner Phasenobjekte mittels Durchlichtinterferenzfilter

Dünne Phasenobjekte können im Durchlichtmikroskop sichtbar gemacht werden, indem sie in ein Durchlichtinterferenzfilter eingelagert werden (62, 70). Dieses mikroskopische Verfahren stellt eine Variante der von AUWÄRTER und Mitarbeitern (1) verwendeten Methode zur Messung der Dicke dünner Schichten mit Hilfe von Interferenzfiltern dar. Der Aufbau eines solchen Filters (vom Typ eines FABRY-PEROT-Interferometers) ist sehr einfach: Es besteht aus zwei teildurchlässig verspiegelten planparallelen Glasflächen und einer im sichtbaren Spektralgebiet absorptionsfreien Distanzschicht geeigneter Dicke (Abb. 27). Bei senkrechter Durchstrahlung beträgt die Durchlässigkeit dieser Filteranordnung (27):

[38]
$$\Gamma = \frac{t^2}{(1-r)^2 + 4r \sin^2\left(\frac{2\pi n_0 d_0}{\lambda} - \delta\right)}.$$

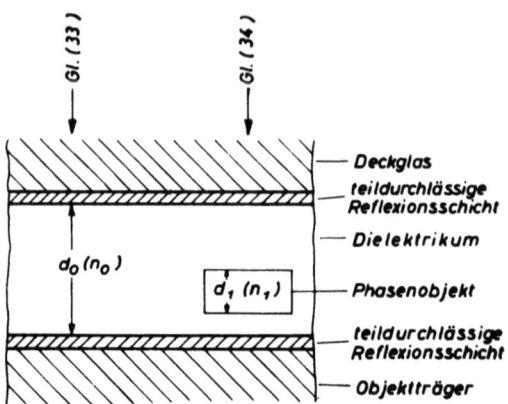

Abb. 27: Aufbau eines Durchlicht-Interferenzfilters

Es bedeuten: t = Durchlässigkeit einer teildurchlässigen Reflexionsschicht vom Dielektrikum her gemessen, δ der bei der Reflexion auftretende Phasensprung, $n_0 d_0$ die optische Dicke des Filters und λ die Wellenlänge des durchgelassenen Lichtes.

Die Gl. [38] beschreibt eine Folge von Durchlässigkeitsmaxima, deren Wellenlängenabstände um so kleiner sind, je größer die optische Dicke der Schicht oder je höher die Ordnung des Filters ist. Die Durchlässigkeitsmaxima der Filter höherer Ordnung (3. oder 4. Ordnung) können durch Vorschalten von Farbfiltern voneinander getrennt werden. Filter 0. Ordnung weisen im gesamten sichtbaren Spektralbereich nur ein Maximum auf, das an die Bedingung

[39]
$$\frac{2\pi}{\lambda_0} n_0 d_0 - \delta_0 = 0$$

geknüpft ist.

Lagert man in das „Grundfilter" ein Phasenobjekt mit der Brechzahl n_1 und der Dicke d_1 ein (s. Abb. 27), so gilt für das Durchlässigkeitsmaximum an der Phasenobjektstelle

[40]
$$\frac{2\pi}{\lambda_1} = [n_0 (d_0 - d_1) + n_1 d_1] - (\delta_1 + \varphi) = 0$$

mit φ als Korrekturbetrag, der die Verschiedenheit der Brechzahlen an der Grenzfläche Objekt-Dielektrikum berücksichtigt. φ erhält man nach [28] aus

[41]
$$\operatorname{tg} \varphi = \frac{-\varrho(1+r)\sin\left(\frac{2\pi n_0(d_0-d_1)}{\lambda_1} - \delta_1\right) + \varrho^2\sqrt{r}\sin 2\left(\frac{2\pi n_0(d_0-d_1)}{\lambda_1} - \delta_1\right)}{\sqrt{r} - \varrho(1+r)\cos\left(\frac{2\pi n_0(d_0-d_1)}{\lambda_1} - \delta_1\right) + \varrho^2\sqrt{r}\cos 2\left(\frac{2\pi n_0(d_0-d_1)}{\lambda_1} - \delta_1\right)}$$

mit $\varrho = \dfrac{n_0 - n_1}{n_0 + n_1}$.

Das Durchlässigkeitsmaximum an der Stelle des Phasenobjektes ist gegenüber dem des Grundfilters spektral verschoben, d.h. die Stelle, an der sich das Objekt befindet, erscheint in einer anderen Farbe. Für Objekte mit einer Brechzahl $n_1 < n_0$ erfolgt eine Farbverschiebung nach kürzeren Wellenlängen, im umgekehrten Fall $(n_1 > n_0)$ nach größeren Wellenlängen.

Da man aus Gl. [39] und [40] für die Dicke d_1 bei vorgegebenem n_1 und $\lambda_1 = \lambda_0 + \Delta\lambda$

[42] $$d_1 = \frac{(\delta_1 + \varphi)(\lambda_0 + \Delta\lambda) - 2\pi n_0 d_0}{2\pi (n_1 - n_0)}$$

erhält, kann man die Farbverschiebung $\Delta\lambda$ in Abhängigkeit von d_1 aus Gl. [41] und [42] graphisch ermitteln.

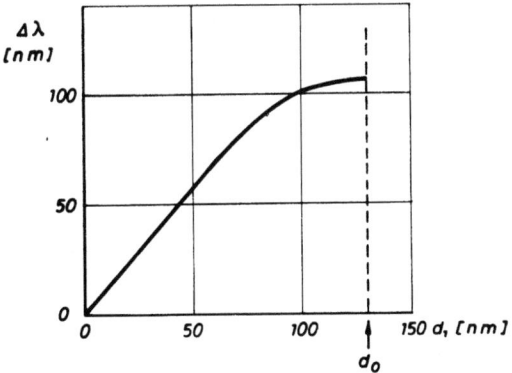

Abb. 28: Farbverschiebung als Funktion des eingelagerten Phasenobjektes (nach [60])
$[n_0 = 1{,}33;\ n_1 = 1{,}7;\ \lambda = 495\ nm]$

In Abb. 28 ist die Funktion $\Delta\lambda = f(d_1)$ dargestellt für ein Grundfilter mit Wasser $(n_0 = 1{,}33)$ als Dielektrikum und $\lambda_0 = 495$ nm, in das ein Phasenobjekt mit $n_1 = 1{,}7$ eingelagert wurde. Im geraden Teil der Kurve beträgt die Farbverschiebung $\Delta\lambda$ etwas mehr als 50 nm, wenn das Phasenobjekt 50 nm dick ist. Da das Auge Farbtonunterschiede von etwa 1 nm noch wahrnimmt, werden selbst Dickenunterschiede von etwa 1 nm noch sichtbar, d.h. dieses Verfahren besitzt gegenüber der Phasenkontrastmikroskopie eine etwa zehnmal bessere Dickenauflösung.

Das Verfahren ist besonders geeignet zur mikroskopischen Beobachtung von Phasenobjekten, die in Flüssigkeiten eingelagert sind. Zu diesem Zweck werden Objektträger und Deckgläschen mit möglichst guter Planität mit teildurchlässigen Silber- oder Aluminiumschichten versehen. Dann wird das Phasenobjekt in einem Flüssigkeitstropfen zwischen Objektträger und Deckglas gebracht und das Deckglas so angedrückt, bis Interferenzfarben sichtbar werden. Bei sorgfältigem und staubfreiem Arbeiten entstehen auf diese Weise ausreichend große Bereiche (einige mm²) konstanter Farbe. Die Methode erlaubt z.B. die farblich sehr kontrastreiche Beobachtung lebender Bakterien (70). Ein weiteres Anwendungsgebiet ist die

Beobachtung von Kristallisationsvorgängen aus einer Lösung, für die Abb. 29 (s. Bildtafel) ein Beispiel bildet (62). Die Kristallisation von 2,3-Benzofluoren, das in einem Benzol-Xylol-Gemisch (Verhältnis 9:1) gelöst ist, zeigt spiralförmiges Wachstum mit Stufenhöhen von 5 bis 10 nm. Die Durchlicht-Mikroskopie mittels Interferenzfilter erlaubt im Gegensatz zum TOLANSKY-Verfahren (74) eine kontinuierliche Beobachtung des Kristallwachstums. Die erzielbare axiale Auflösung reicht bis in die Größenordnung der Gitterkonstanten der Kristalle. Wenn die Anwendung dieses Vielstrahleninterferenz-Verfahrens auch auf hinreichend dünne Objekte ($d_{max} \approx 100 - 200$ nm) beschränkt ist, so stellt es doch für spezielle Untersuchungen eine nützliche Ergänzung zu den bereits bewährten mikroskopischen Methoden dar.

VIII. Das Interferenzschichten-Verfahren in der Polarisationsmikroskopie

Eine wichtige Methode zur Gefügebeobachtung und -diagnose bildet die Polarisationsmikroskopie, bei der die Besonderheit der in der Kristallwelt weit verbreiteten optischen Anisotropie ausgenutzt wird. Im optischen Verhalten der Kristalle spiegelt sich ihre Symmetrie insofern wider, als alle nichtregulären (nichtkubischen) Kristalle eine Abhängigkeit der Lichtfortpflanzung und damit der optischen Konstanten von der Kristallrichtung aufweisen. Dieser Zusammenhang bewirkt die Erscheinung der Doppelbrechung, und zwar der

1.) *gewöhnlichen Doppelbrechung,* nach der eine Lichtwelle in optisch anisotropen Kristallen im allgemeinen in zwei Wellen verschiedener Geschwindigkeit mit senkrecht zueinander stehenden Schwingungsrichtungen aufgespalten wird;
2.) *Rotationsdoppelbrechung* (optische Aktivität), die die Fähigkeit mancher („optisch aktiver") Kristalle beschreibt, die Schwingungsrichtung von polarisiertem Licht zu drehen.

a) Gewöhnliche Doppelbrechung

Eine erschöpfende Behandlung der Gesetzmäßigkeiten der Doppelbrechung und der daraus herleitbaren Erscheinungen, wie sie im Auflicht-Polarisationsmikroskop beobachtet und genutzt werden können, würde den Rahmen dieser Schrift weit überschreiten. Hier sei lediglich eine Skizzierung der zum Verständnis notwendigen Gesetzmäßigkeiten geboten und im übrigen auf die eingehende Behandlung bei M. BEREK (2) verwiesen.

Die allgemeinen Gesetzmäßigkeiten der Doppelbrechung durchsichtiger Kristalle lassen sich in anschaulicher Weise mit Hilfe einer einfachen Bezugsfläche, der sog. Indikatrix darstellen: Durch einen Punkt 0 im Kristall gehe die Fortpflanzungsrichtung einer Welle. Diese Welle ist aus zwei Wellen mit den Wellengeschwindigkeiten v_1 und v_2 — entsprechend den beiden Brechzahlen n_1 und n_2 — zusammengesetzt. Die beiden Wellen sind linear polarisiert, und ihre Schwingungsrichtungen und somit ihre Polarisationsebenen stehen senkrecht aufeinander. Trägt man von 0 aus die Schwingungsrichtungen auf und auf ihnen als Strecken die zugehörigen Brechzahlen ab, und wiederholt man diesen Vorgang für jede beliebige Wellennormalenrichtung, so ergeben die Endpunkte der von 0 ausgehenden

Strecken ein Ellipsoid. Das Ellipsoid kann allgemein dreiachsig oder ein Rotationsellipsoid mit einer ausgezeichneten Richtung oder zu einer Kugel mit ihren drei gleichwertigen Richtungen entartet sein (Abb. 30). Aus diesen drei möglichen Formen folgt unmittelbar die Einteilung der Kristalle hinsichtlich ihres optischen Verhaltens in drei Klassen:

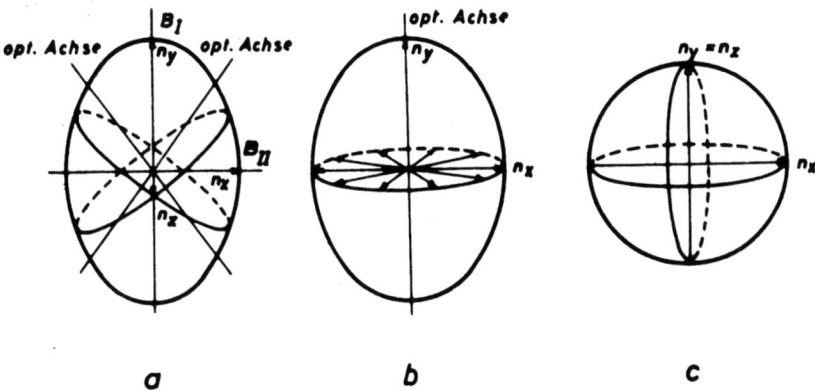

Abb. 30: Indikatrix eines optisch zweiachsigen (a), optisch einachsigen (b) und optisch isotropen (c) Kristalls

1. Kristalle mit drei gleichwertigen, aufeinander senkrechten Symmetrieachsen (kugelförmige Indikatrix). Hierzu gehören die Kristalle des regulären (kubischen) Systems; sie verhalten sich *optisch isotrop* und sind durch eine Brechzahl, die im Fall absorbierender Kristalle komplex ist, bestimmt.
2. Kristalle mit einer ausgezeichneten kristallographischen Richtung (Rotationsellipsoid). Sie gehören dem trigonalen, tetragonalen oder hexagonalen System an, sind *optisch einachsig* und mit zwei reellen bzw. komplexen Brechzahlen beschreibbar.
3. Kristalle ohne ausgezeichnete kristallographische Richtung (dreiachsiges Ellipsoid). Diese *optisch zweiachsige* Klasse umfaßt das rhombische, monokline und trikline System; sie erfordert drei und mehr Brechzahlen.

Die Benennung optisch ein- bzw. zweiachsig hängt mit der Zahl der Kreisschnitte durch den Ellipsoidmittelpunkt zusammen. Ein allgemein dreiachsiges Ellipsoid hat zwei Kreisschnitte durch den Mittelpunkt und somit zwei optische Achsen. Das Rotationsellipsoid ist durch einen zur Symmetrieachse (optische Achse) senkrechten Kreisschnitt ausgezeichnet, während im Fall der Kugel jeder Schnitt Kreisschnitt und somit jede Richtung auch optische Achse ist.

Die einfache Art der Darstellung durch die Indikatrix, die nur für durchsichtige Kristalle gilt, verliert ihre Anschaulichkeit für absorbierende Kristalle, da ihr optisches Verhalten durch die beiden optischen Konstanten Brechzahl und Absorptionskoeffizient bestimmt ist. Anisotrope absorbierende Kristalle sind doppelbrechend und „doppelabsorbierend": außer dem Indexellipsoid ist ein Absorptionsellipsoid zur vollständigen Beschreibung notwendig oder — statt zweier Ellipsoide — ein Indexellipsoid, das durch die komplexen Brechzahlen absorbierender Kristalle $\mathfrak{n} = n - ik$ gekennzeichnet ist. Das bedeutet zwar Verlust der

Anschaulichkeit der Indikatrix und bedingt eine umständliche mathematische Behandlung der „Doppelbrechung" absorbierender Kristalle, doch bleiben die wesentlichen Gesetzmäßigkeiten der Doppelbrechung durchsichtiger Kristalle und die daraus herleitbaren polarisationsmikroskopischen Beobachtungs- und Bestimmungsmöglichkeiten auch für absorbierende Kristalle gültig.

Im allgemeinen ist die Abhängigkeit der optischen Konstanten von der Kristallrichtung zu gering, um die Anisotropie im normalen Hellfeld beobachten zu können. Im Polarisationsmikroskop wird deshalb die Tatsache ausgenutzt, daß senkrecht einfallendes, linear polarisiertes Licht bei der Reflexion eine Änderung seines Polarisationszustandes erfährt. Zu jeder Fortpflanzungsrichtung im Kristall gehört, wie bei der Einführung der Indikatrix gesagt wurde, eine Ellipse als Schnittkurve zwischen Indikatrix und der zur Fortpflanzungsrichtung senkrechten Ebene. Die Hauptachsen dieser Ellipse kennzeichnen die beiden Schwingungsrichtungen, in die das Licht zerlegt wird. Da das optische Verhalten für diese beiden Komponenten durch unterschiedliche optische Konstanten beschrieben wird, ergeben sich unterschiedliche Reflexionskoeffizienten und Phasen. Die Polarisationsrichtung des linear polarisierten, einfallenden Lichtes wird durch den Reflexionsakt gedreht, so daß das reflektierte Licht elliptisch polarisiert ist. In Abb. 31 ist diese Änderung des Polarisationszustandes schematisch dargestellt: Aus linear polarisierten in S_E

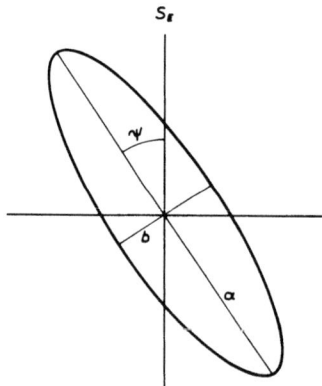

Abb. 31: Zur Erklärung der Anisotropieparameter ψ und ϑ
S_E = Polarisationsrichtung des einfallenden Lichtes
a, b = Ellipsenhalbachsen

$$\operatorname{tg} \vartheta = \frac{a}{b}$$

ψ = Azimut der großen Halbachsen zu S_E

schwingenden Wellen werden um das Azimut ψ gedrehte elliptisch polarisierte Wellen mit der Elliptizität ϑ, die durch das Verhältnis der Halbachsen der Schwingungsellipse nach $\operatorname{tg} \vartheta = a/b$ definiert ist.

Fällt die Fortpflanzungsrichtung mit einer optischen Achse zusammen, so entartet die Ellipse zu einem Kreis: Es gibt also nur ein Konstantenpaar, d. h. anisotrope Kristalle verhalten sich in Richtung der optischen Achsen isotrop.

Fällt für eine beliebige Kristallrichtung die Polarisationsrichtung des linear polarisierten einfallenden Lichtes mit einer Ellipsenhauptachse zusammen, so bleibt der Polarisationszustand durch die Reflexion unverändert, so daß das Licht durch gekreuzte Nicols im Polarisationsmikroskop völlig ausgelöscht wird. Alle Kristallite, für die diese Bedingung nicht erfüllt ist, erscheinen heller, da die Komponente des reflektierten Lichtes senkrecht zur Analysatorrichtung nicht ausgelöscht wird. Dreht man also einen anisotropen Kristall relativ zur Polarisationsrichtung des einfallenden Lichtes, so erscheint er in wechselnder Helligkeit. Bei Drehung des Anschliffes um jeweils 90° — wenn Polarisationsrichtung und Ellipsenhauptachse zusammenfallen — treten Helligkeitsminima auf. Diese vierzählige Helligkeitsschwankung ist ein eindeutiges Kennzeichen der gewöhnlichen Doppelbrechung. Diese einfachen Verhältnisse gelten für alle einachsigen und rhomboedrischen Kristalle. Zur Unterrichtung über das verwickelte Verhalten niedersymmetrischer Kristalle sei auf das entsprechende Schrifttum verwiesen (2).

Die Auflicht-Polarisationsmikroskopie ist ein in der Mineralogie häufig angewendetes, ja unentbehrliches mikroskopisches Verfahren, das aufgrund der wegweisenden Arbeiten von SCHNEIDERHÖHN und RAMDOHR (67) und von BEREK (2) so weit entwickelt werden konnte, daß die Möglichkeit quantitativer mikroskopischer Untersuchungen besteht. Für die Mikroskopie stark absorbierender Kristalle (Metalle) konnte das polarisierte Licht eine gleiche Bedeutung nicht erlangen. Trotz der großen Zahl optisch anisotroper metallischer Phasen wird selbst die einfachste Anwendungsmöglichkeit, nämlich eine Unterscheidung zwischen isotropen und anisotropen Gefügebestandteilen, nur wenig genutzt. Die Ursache liegt darin begründet, daß die an metallischen Kristallen auftretenden Anisotropieeffekte häufig so gering sind, daß sie eine sichere mikroskopische Beobachtung ausschließen. Außerdem beeinflußt die Oberflächenbeschaffenheit eines metallischen Schliffs (Oberflächenrelief, adsorbierte Fremdschichten usw.) den Polarisationszustand des Lichtes in manchen Fällen so stark, daß die eigentliche optische Anisotropie eines Kristalls verfälscht und sogar überdeckt wird.

b) Verstärkung der „gewöhnlichen Doppelbrechung" durch Interferenz-Aufdampfschichten

Für die polarisationsmikroskopische Beobachtung auch schwach anisotroper Kristalle bietet sich die Kontraststeigerung durch Interferenz-Aufdampfschichten an (58). Ebenso wie durch dieses Verfahren eine Verstärkung der optischen Unterschiede zwischen verschiedenen Gefügebestandteilen im Hellfeld erzielt wird, erfahren auch die kristallographisch bedingten Unterschiede eine Verstärkung. So wird z.B. die im Polarisationsmikroskop zwischen gekreuzten Nicols nur schwach erkennbare Anisotropie des tetragonalen Martensits in einer Eisenlegierung mit 1 Gew.-% Mn und 1 Gew.-% C durch eine ZnSe-Bedampfung sehr deutlich (Abb. 32).

Wie dieses und weitere Beispiele (10, 45) lehren, sind die durch Interferenz-Aufdampfschichten erreichbaren Kontraststeigerungen für die Polarisationsmikroskopie stark absorbierender Kristalle sehr nützlich, da dadurch die Unterscheidung zwischen optisch isotropen und anisotropen Gefügebestandteilen in vielen Fällen erst möglich wird. Die Wahl der Schichtwerkstoffe, der Schichtdicke usw. erfolgt nach den gleichen Gesichtspunkten, die für die Gefügeentwicklung zur Hellfeldbeobachtung maßgebend sind.

Darüber hinaus aber besteht das Problem einer quantitativen Behandlung der Verstärkerwirkung, da erwartet werden darf, daß die oft sehr geringe Anisotropie stark absorbierender Kristalle einer Messung zugänglich wird, die dann die Herleitung quantitativer Methoden zur Bestimmung der optisch wirksamen Kristallsymmetrie (optisch ein- bzw. zweiachsig) ermöglichen sollte.

Abb. 32: Fe mit 1 Gew.-% Mn und 1 Gew.-% C Aufnahme zwischen gekreuzten Polarisatoren
(V = 375:1)
a) ohne Bedampfung
b) mit ZnSe bedampft

Grundsätzlich könnten zu diesem Zweck die optischen Konstantenpaare anisotroper Kristalle bestimmt werden. Doch welches Verfahren zur Konstantenbestimmung auch immer angewendet wird, es zeigt sich, daß bei den gebotenen experimentellen Möglichkeiten die Konstanten anisotroper, absorbierender Kristalle nicht mit ausreichender Genauigkeit ermittelt werden können. Die Vielzahl der erforderlichen Messungen und der verwickelte mathematische Aufbau der Gesetze, die die Erscheinungen im polarisierten Auflicht beherrschen, stellen nicht erfüllbare Forderungen an die Meßgenauigkeit.

Um Aussagen über die Symmetrieeigenschaften zu erlangen, ist eine Analyse der Elliptizität des reflektierten Lichtes geeigneter. Die Anisotropie der reflektierenden Oberfläche kann für jede Anschliffrichtung mit zwei sog. Anisotropieparametern beschrieben werden, die ihrerseits mit den optischen Konstanten verknüpft sind. Als Anisotropieparameter werden zweckmäßig das Azimut der großen Ellipsenachse zur Polarisationsrichtung des einfallenden Lichtes ψ und die Elliptizität ϑ als kennzeichnende Größen gewählt (s. Abb. 31). Die Analyse des elliptisch polarisierten Lichtes wird mit einem $\lambda/4$-Kompensator im konoskopischen Strahlengang durchgeführt, da die Veränderung der Polarisationsfiguren ein wesentlich genaueres Kriterium darstellt als die im Orthoskop erforderliche Einstellung auf völlige Auslöschung.

Verstärkung der Doppelbrechung

Zu jeder Anschliffrichtung gehört ein Wertepaar (ψ, ϑ), so daß alle möglichen Wertepaare eines anisotropen Kristalls sich in einem ψ-ϑ-Koordinatensystem zu einer die Kristallanisotropie kennzeichnenden Figur zusammenfügen. Wie in Abb. 33 am Beispiel des Kadmiums gezeigt wird, erhält man für optisch einachsige Kristalle eine Kurve, die durch den Koordinatenursprung verläuft. Im Fall optisch zweiachsiger Kristalle liegen die ψ-ϑ-Wertepaare in einem Gebiet um den Koordinatenmittelpunkt, das durch einen geschlossenen Kurvenzug begrenzt wird, wie Abb. 34 für einen hypothetischen, zweiachsigen Kristall zeigt.

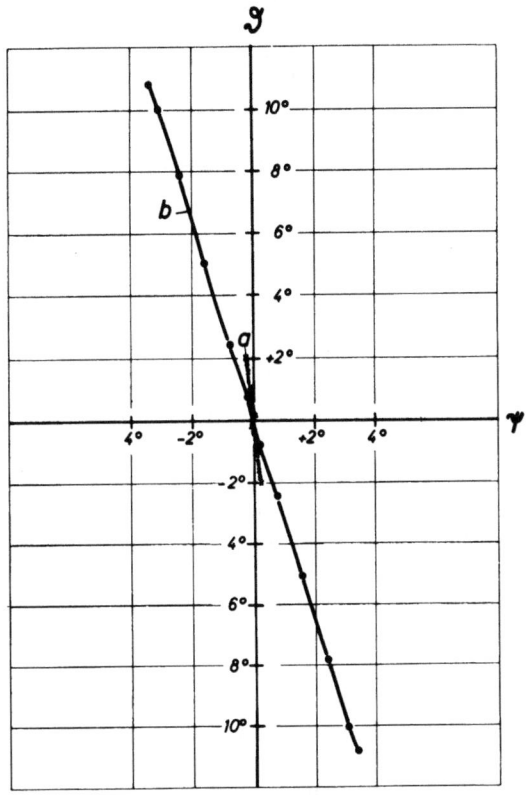

Abb. 33: ψ-ϑ-Diagramm für Kadmium
$\mathfrak{n}_x = 1,2 - 4,0\,i$ a) unbedampft
$\mathfrak{n}_y = 0,85 - 3,5\,i$ b) bedampft mit $n_s = 2,5$

Hieraus folgt die Möglichkeit, optisch einachsige Kristalle von solchen niederer Symmetrie zu unterscheiden. Liegen also die ermittelten Werte auf einer durch den Nullpunkt verlaufenden Kurve, sind sie einem optisch einachsigen Kristall zuzuordnen, liegen sie um den Nullpunkt verstreut, so handelt es sich um einen optisch zweiachsigen Kristall.

Durch aufgedampfte Interferenzschichten werden die Anisotropieparameter — wie die in den Abb. 33 und 34 für bedampfte Kristalle geltenden Kurven zeigen — auf ein Mehrfaches der normalen Werte vergrößert. Obwohl die Lage der Kurven

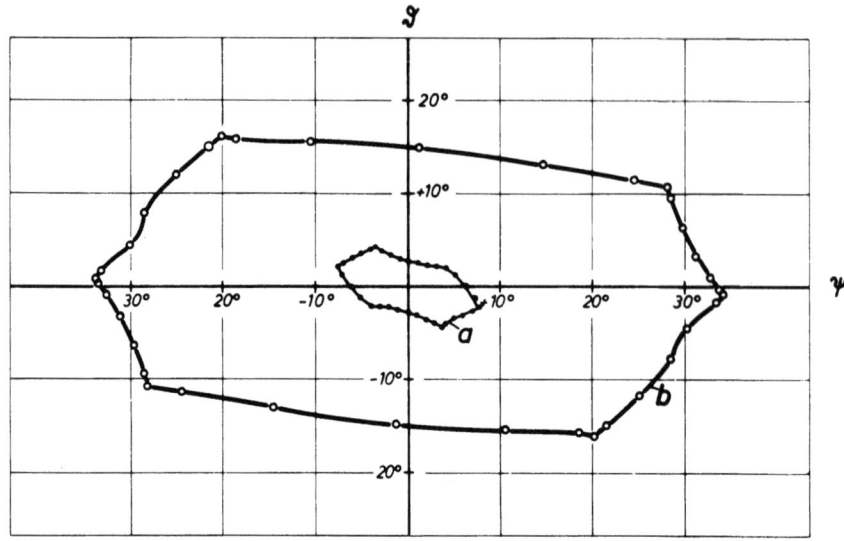

Abb. 34: ψ-ϑ-Diagramm für einen angenommenen rhombischen Kristall
$n_x = 2 - 4i$, $n_y = 4 - 3i$, $n_z = 3 - 2i$
a) unbedampft   b) bedampft mit $n_s = 2{,}0$

im ψ-ϑ-Diagramm durch die Wirkung der Interferenzschicht gegenüber den ursprünglichen Lagen erheblich verändert wird, bleiben dennoch die Charakteristika für optisch ein- bzw. zweiachsige Kristalle erhalten. Infolge der Verstärkung können die Anisotropieparameter mit wesentlich größerer Genauigkeit ermittelt bzw. in manchen Fällen einer Messung überhaupt erst zugänglich gemacht werden, um optisch einachsige und zweiachsige Kristalle voneinander zu unterscheiden.

Auf eine mathematische Darstellung der Wirkung von Interferenzschichten auf die Anisotropieparameter soll hier verzichtet werden. Die erforderlichen Rechnungen bereiten keine grundsätzlichen Schwierigkeiten, sind jedoch sehr umständlich. In den von BEREK (2) angegebenen Formeln werden ψ und ϑ mit den Reflexionskoeffizienten und Phasenwinkeln verknüpft, die im Fall bedampfter Oberflächen nach der umständlichen Gleichung [7] und nach [13] für alle Anschliff- und Schwingungsrichtungen gesondert zu berechnen sind.

c) Rotationsdoppelbrechung

„Optisch aktive" Kristalle drehen die Schwingungsrichtung von linear polarisiertem Licht um die Wellennormale um einen Winkel, der der Schichtdicke proportional ist. Die Drehung beruht auf einer schraubenförmigen Anordnung der Gitterbausteine und ist deshalb auf Kristalle (auch kubische niederer Symmetrie) ohne Symmetriezentrum beschränkt. Sie läßt sich so erklären, daß der Lichtstrahl auch in Richtung der optischen Achse, in der keine gewöhnliche Doppelbrechung auftritt, doppelt gebrochen und in zwei nicht linear, sondern zwei zirkular (links- und rechtszirkular) polarisierte Wellen verschiedener Geschwindigkeit zerlegt wird.

Die Rotationsdoppelbrechung, aufgrund derer im Durchlichtkonoskop recht eindrucksvolle Erscheinungen beobachtet werden können, spielt in der Auflichtmikroskopie keine Rolle, da die bei der Reflexion auftretenden Drehungen zu gering sind. Im allgemeinen betragen die Drehungen in lichtdurchlässigen Kristallen maximal einige Hundert Grad/cm, so daß im Falle absorbierender Kristalle mit Lichteindringtiefen $W = \dfrac{\lambda}{4\pi \cdot k} < \lambda$ Drehungen von Bruchteilen einer Winkelminute zu erwarten sind. Derart geringe Drehungen, die durch besondere experimentelle Kunstgriffe gerade noch nachgewiesen werden konnten (20), sind für mikroskopische Beobachtungen bisher nicht nutzbar. Die „magnetische Rotationsdoppelbrechung", über die in Abschnitt IX. b) berichtet wird, hat dagegen in jüngster Zeit eine große Bedeutung erlangt.

IX. Polarisationsmikroskopische Beobachtung magnetischer Bereiche

a) Magnetische Strukturen und magnetooptische Effekte

Die Ferro-, Ferri- und Antiferromagnetika zeichnen sich gegenüber den magnetisch ungeordneten paramagnetischen Kristallen durch eine im Kristallgitter räumlich geordnete magnetische Struktur aus. Sie ist eine Folge von Austauschwechselwirkungen zwischen den (an den Gitterpunkten lokalisiert angesehenen) magnetischen Momenten. Neben den „kollinearen Strukturen" der gewöhnlichen ferro-, ferri- und antiferromagnetischen Stoffe, in denen alle magnetischen Momente benachbarter Gitterebenen untereinander parallel oder gruppenweise antiparallel ausgerichtet sind, treten in vielen Fällen schraubenförmige Anordnungen der Momentvektoren in den längs einer kristallographischen Achse aufeinanderfolgenden Netzebenen auf. Die Fülle der magnetischen Strukturen läßt sich in gleicher Weise in ein Symmetriesystem einordnen, wie es im Rahmen der normalen Kristallographie für magnetisch ungeordnete Kristalle geschieht. Die Beschreibung der Symmetrie magnetischer Strukturen erfordert eine Erweiterung des kristallographischen Symmetriebegriffs, weil der magnetisch geordnete Kristall grundsätzlich niedersymmetrischer ist als der magnetisch nichtgeordnete Kristall der gleichen Punkt- bzw. Raumgruppe*). So besitzt z.B. das α-Eisen oberhalb seiner Curietemperatur die kubische Symmetrie O_h, während es im ferromagnetischen Zustand der kristallographischen Gruppe D_{4h} angehört. Die Symmetrieerniedrigung wird anschaulich durch das Auftreten der Magnetostriktion, die eine tetragonale Verzerrung des Gitters bewirkt.

Als Folge dieser Symmetrieerniedrigung sind in ferro-, ferri- und antiferromagnetischen Kristallen optische Anisotropieerscheinungen — die magnetooptischen Effekte — möglich, die im paramagnetischen Zustand dieser Kristalle aus Symmetriegründen nicht existieren. Aus Symmetriebetrachtungen lassen sich insgesamt vier magnetooptische Effekte herleiten (73); zu den beiden aus der Kristallographie bekannten Erscheinungen der gewöhnlichen und der Rotationsdoppelbrechung treten zwei entsprechende „nicht-reziproke" Effekte hinzu:

---

*) Die niedere magnetische Symmetrie ist eine Folge einer weiteren möglichen Symmetrieoperation, nämlich der Operation „Zeitumkehr", die in der Kristallographie nicht existiert.

1. *Die gewöhnliche (reziproke) Doppelbrechung* ist eine Folge ferro- oder antiferromagnetostriktiver Gitterverzerrungen, die die Gittersymmetrie z. B. kubischer Kristalle zerstören, indem eine Kristallrichtung bevorzugt wird. In ferromagnetischen Kristallen sind die magnetostriktiven Gitterverzerrungen im allgemeinen zu gering, um eine im Auflicht beobachtbare Doppelbrechung zu verursachen. An antiferromagnetischen Kristallen sind sie dagegen einer Beobachtung zugänglich (55, 65).
2. *Die nicht-reziproke Doppelbrechung* wurde aus Symmetriebetrachtungen theoretisch vorausgesagt, konnte aber experimentell bisher nicht entdeckt werden (6).
3. *Die (reziproke) Rotationsdoppelbrechung („optische Aktivität")* ist an solche Strukturen gebunden, die — wie im Fall „optisch aktiver" Kristalle (s. Abschnitt VIII. c) — kein Symmetriezentrum besitzen. Dieser interessante Effekt sollte die Beobachtung von Spin-Schraubenstrukturen und die Unterscheidung von Links- und Rechtsschrauben ermöglichen, konnte aber, da er vermutlich sehr klein ist, bisher nicht gefunden werden (72).
4. *Die nicht-reziproke Rotationsdoppelbrechung* beschreibt den magnetooptischen KERR- und FARADAY-Effekt und ist nur in Kristallen mit spontaner Magnetisierung möglich, d. h. in Ferro- und Ferrimagnetika, dagegen nicht in Antiferromagnetika. Die weit verbreitete Anwendung dieses Effektes wird weiter unten ausführlich beschrieben.

Reziproke und nicht-reziproke Effekte unterscheiden sich hinsichtlich der Abhängigkeit von einer Umkehrung der Lichtfortpflanzungsrichtung bzw. von der Magnetisierungsrichtung um 180°. So wird im Fall der nicht-reziproken Rotationsdoppelbrechung die Drehung verdoppelt, wenn man den linear polarisierten Lichtstrahl denselben Weg hin- und zurücklaufen läßt bzw. die Magnetisierungsrichtung um 180° umkehrt, während sich im Fall der optischen Aktivität die Drehung wieder aufhebt und die ursprüngliche Polarisationsebene wieder hergestellt wird. Es ist so, als ob im Kristall längs der optischen Achse eine feste Schraubenfläche vorhanden sei, längs deren der Lichtvektor unabhängig von der Fortpflanzungsrichtung sich entlangschraubt. Im Gegensatz hierzu hängt im Fall der magnetischen Drehung der Schraubungssinn von der Fortpflanzungsrichtung ab.

Die Bedeutung der magnetooptischen Effekte für die Polarisationsmikroskopie besteht darin, magnetische Elementarbereiche, aus denen der magnetisch geordnete Kristall aufgebaut ist, beobachten zu können. Dabei sind die Effekte zumeist so klein, daß sie einer *Verstärkung durch aufgedampfte Interferenzschichten bedürfen*.

Zur Beobachtung antiferromagnetischer Bereiche wird die gewöhnliche Doppelbrechung ausgenutzt (Abschn. IX, c), während die ferromagnetischen Bereiche aufgrund des KERR-Effektes beobachtet werden, ein Verfahren, das heute weite Verbreitung gefunden hat und deshalb im folgenden Abschnitt ausführlich behandelt werden soll.

b) Beobachtung ferromagnetischer Elementarbereiche

Ferromagnetische Stoffe zeichnen sich dadurch aus, daß sie aus kleinen Kristallbereichen aufgebaut sind, die durch große innere Felder immer bis zur Sättigung (spontan) magnetisiert sind. Ein jeder dieser WEISS-HEISENBERGschen Bezirke oder ferromagnetischen Elementarbereiche besitzt eine bestimmte Magnetisierungsrichtung, die mit der Gitterstruktur und der kristallographischen Orientierung eng verknüpft ist und die durch äußere Kräfte (magnetische Felder und mechanische Spannungen) leicht beeinflußt werden kann. Ein Verständnis der Magnetisierungsvorgänge in ferromagnetischen Werkstoffen setzt grundsätzlich Kenntnisse über Form und Größe der Elementarbereiche voraus. Darüber hinaus aber dürfte eine Kenntnis der magnetischen Mikrostrukturen auch für den Metallographen von Bedeutung sein, da sie wichtige Beiträge zur Lösung metallkundlicher Fragen liefern kann, wie etwa die Möglichkeit einfacher Orientierungsbestimmungen aufgrund des Zusammenhangs zwischen der Form der magnetischen Muster und der Kristallorientierung, Aussagen über Texturbildungen, über Eigenspannungen in Kristallen usw.

Das erste, sehr einfache Verfahren zur bildmäßigen Wiedergabe magnetischer Strukturen wurde von F. BITTER (3) und von L. v. HÁMOS u. P. A. THIESSEN (29) entwickelt. Dieses „Pulverlinienverfahren" beruht auf der gleichen Wirkung wie das Verfahren zur Sichtbarmachung makroskopischer magnetischer Felder durch Eisenfeilspäne, die sich kettenförmig längs der magnetischen Feldlinie anordnen. Die mikroskopisch kleinen Dimensionen der ferromagnetischen Elementarbereiche erfordern indessen ein sehr feindisperses Nachweismittel. Bei dem Pulverlinienverfahren werden winzige ferromagnetische Eisenoxidkriställchen (mit einem Durchmesser von rd. 10^{-6} cm) in Wasser aufgeschlämmt und Tropfen dieser Suspension unter einem Deckgläschen auf die zu untersuchende Probenoberfläche gebracht. Unter dem Einfluß der Streufelder der Elementarbereiche zeichnen sich dann im lichtmikroskopischen Bild ihre Grenzen durch eine Anhäufung der Oxidteilchen ab (BITTERsche Streifen). Im Verlauf der sehr erfolgreichen Anwendung dieses Verfahrens zeigten sich jedoch auch die grundsätzlichen Grenzen und Nachteile, die ihm anhaften:

1. Es liefert nur ein Abbild der Bereichsgrenzen und ist abhängig von der Größe der Streufelder, die über den „Wänden" zwischen den einzelnen Bereichen austreten. Bei sehr geringen Feldgradienten kann die Ausbildung der Pulvermuster unterbleiben. Die schwankende Dichte der Oxidanhäufungen beeinflußt das erreichbare Auflösungsvermögen stark.
2. Das Verfahren ist trägheitsbehaftet, so daß die Untersuchung schnellablaufender Umorientierungsvorgänge der Elementarbereiche nicht möglich ist.
3. Die Anwendung ist auf einen Temperaturbereich beschränkt, in dem für die Dispersion des Eisenoxids geeignete Flüssigkeiten mit hinreichend geringem Dampfdruck zur Verfügung stehen. Untersuchungen im Bereich der CURIE-Temperatur können somit nur in wenigen Fällen durchgeführt werden.

In dem Bemühen, die Grenzen des Pulverlinienverfahrens zu überschreiten, konnte ein wesentlicher Fortschritt erzielt werden, nachdem die magnetische Rotationsdoppelbrechung zur Sichtbarmachung der Elementarbereiche ausgenutzt wurde (75). Der FARADAY- und der magnetooptische KERR-Effekt sind beide nur verschiedene Erscheinungsformen der gleichen Veränderungen, die die optischen Eigenschaften ferromagnetischer Stoffe bei der Magnetisierung erfahren. Sie beschreiben die Drehung der Polarisationsebene des Lichtes, das durch dünne lichtdurchlässige, ferromagnetische Schichten hindurchgeht (FARADAY-Effekt) oder an der Oberfläche ferromagnetischer Stoffe reflektiert wird (KERR-Effekt). Da der Drehsinn von der Magnetisierungsrichtung bestimmt wird, erscheinen die Elementarbereiche, die in verschiedenen Richtungen spontan magnetisiert sind, im Polarisationsmikroskop unterschiedlich hell. Die polarisationsmikroskopische Abbildung magnetischer Strukturen bildet vor allem deshalb im Bereich lichtmikroskopischer Dimensionen eine wertvolle Ergänzung und Verbesserung des Pulverlinienverfahrens, weil gerade dessen Mängel als Vorzüge des magnetooptischen Verfahrens erscheinen. Es ist trägheitslos und somit besonders für dynamische Untersuchungen geeignet, unterliegt keiner Beschränkung hinsichtlich der Untersuchungstemperaturen und der lichtmikroskopischen Auflösung und bildet die Elementarbereiche unmittelbar aufgrund der Wirkung ihrer Mangnetisierung ab.

Der magnetooptische KERR-Effekt beschreibt folgendes Verhalten: Fällt linear polarisiertes Licht unter beliebigen Einfallswinkeln auf eine absorbierende Oberfläche, so ist das reflektierte Licht im allgemeinen elliptisch polarisiert. Nur in jenen Fällen, in denen die Polarisationsebene des einfallenden Lichtes parallel oder senkrecht zur Lichteinfallsebene orientiert ist, bleibt das reflektierte Licht aus Symmetriegründen ebenfalls linear polarisiert. Somit sind zwei Stellungen des Polarisators ausgezeichnet, die eine vollständige Auslöschung des zurückgeworfenen Lichtes mit dem Analysator ermöglichen. Die Wirkung einer Magnetisierung besteht nun darin, daß die durch das einfallende Licht geradlinig erregte Elektronenschwingung im Metall infolge der LORENTZ-Kraft eine Normalkomponente erhält. Entsprechend tritt in der erregten Sekundärwelle ebenfalls eine phasenverzögerte, senkrecht zur „normal" reflektierten Amplitude schwingende KERR-Komponente auf, aus der sich nach den allgemeinen Gesetzen über die Zusammensetzung von Schwingungen eine elliptische Polarisation des reflektierten Lichtes ergibt. Der KERR-Effekt bewirkt also eine Helligkeitsänderung, die mit dem Analysator nicht mehr rückgängig gemacht werden kann. Abb. 35 zeigt ein Momentbild zum magnetoopti-

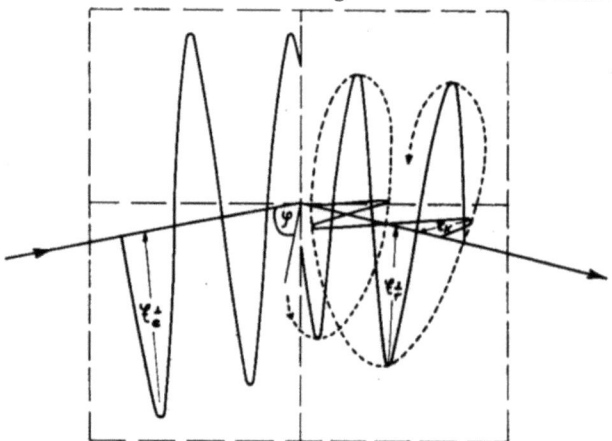

Abb. 35: Momentbild zum magnetooptischen KERR-Effekt

$\mathfrak{E}_e^\perp$ ist die Amplitude der linear polarisierten einfallenden Welle, φ der Einfallswinkel, $\mathfrak{E}_r^\perp$ die Amplitude der linear polarisierten reflektierten Welle und $\mathfrak{E}_K$ die auftretende KERR-Amplitude

schen KERR-Effekt. Die linear polarisierte einfallende Welle mit der Amplitude $\mathfrak{E}_e^\perp$, deren Polarisationsebene senkrecht zur Lichteinfallsebene liegt, erzeugt eine ebenfalls linear polarisierte reflektierte Welle $\mathfrak{E}_r^\perp$. Die infolge der Magnetisierung auftretende KERR-Amplitude $\mathfrak{E}_K$, die — in der Phase verzögert — senkrecht zur normal reflektierten Amplitude schwingt, setzt sich mit dieser zu elliptisch polarisiertem Licht zusammen. Die gestrichelte Linie kennzeichnet die elliptische Schraubenlinie, die aus dem Zusammenwirken der periodischen Amplitudenänderungen folgt.

Diese Darstellung beschreibt allerdings nur zwei Sonderfälle des magnetooptischen KERR-Effektes, die bei polarer und meridionaler Magnetisierung der Oberfläche auftretenden Erscheinungen. Diese der Beobachtung am leichtesten zugänglichen Erscheinungen bilden jedoch die wesentliche Grundlage für die Sichtbarmachung ferromagnetischer Elementarbereiche mit dem KERR-Effekt. Im allgemeinen sind die durch den KERR-Effekt hervorgerufenen Wirkungen von den geometrischen Anordnungen der reflektierenden Oberfläche, der Lichteinfallsebene und der Magnetisierungsrichtung wesentlich abhängig. Der allgemeine Fall kann aufgrund der Abhängigkeit der wirksamen LORENTZ-Kraft von der Lichteinfallsrichtung auf drei ausgezeichnete Hauptfälle zurückgeführt werden. Die ihnen entsprechenden Anordnungen sind in Abb. 36 zusammengestellt. Danach

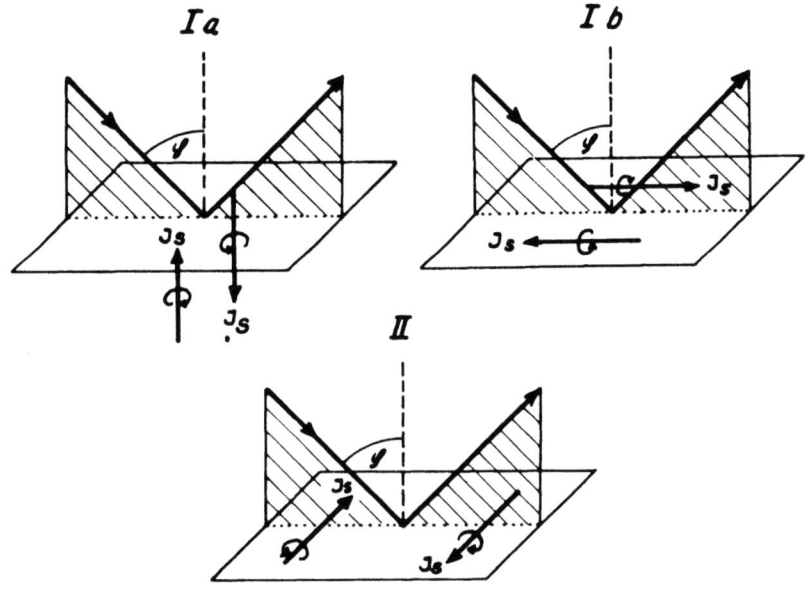

Abb. 36: Der magnetooptische KERR-Effekt

I a) Polarer KERR-Effekt
I b) Meridionaler (longitudinaler) KERR-Effekt
II Äquatorialer (transversaler) KERR-Effekt (J_s = Magnetisierungsrichtung und φ = Lichteinfallswinkel)

unterscheidet man einen polaren, einen meridionalen (longitudinalen) und einen äquatorialen (transversalen) KERR-Effekt. Die beiden ersten Fälle zeichnen sich durch die Gemeinsamkeit aus, daß der Magnetisierungsvektor parallel oder antiparallel zur Lichteinfallsebene verläuft. Die Magnetisierungsrichtungen verlaufen beim polaren Effekt senkrecht, beim meridionalen Effekt parallel zur Oberfläche. In diesen beiden Fällen entsteht die oben beschriebene, durch Abb. 35 veranschaulichte KERR-Komponente. Ihr Richtungssinn ergibt sich aus den in Abb. 36 eingezeichneten Kreispfeilen, in deren Ebene die durch das einfallende Licht erregte Elektronenschwingung abgelenkt wird.

Im Falle des äquatorialen Effektes kommt die KERR-Komponente nicht zur Ausbildung; lediglich die Amplitude und die Phase der senkrecht zur Magnetisierung erregten Schwingung werden durch die Magnetisierung beeinflußt. Der äquatoriale Effekt ist deshalb nur dann wirksam, wenn das einfallende Licht weder senkrecht noch parallel zur Einfallsebene schwingt; er erreicht seinen Höchstwert bei einer Neigung der Polarisationsebene um 45° gegen die Einfallsebene. Da die starke elliptische Polarisation der „metallischen" Reflexion in diesem Falle eine Beobachtung im normalen polarisationsoptischen Strahlengang mit Polarisator und Analysator ausschließt, kann die durch die Magnetisierung verursachte Änderung der Schwingungsellipse nur sichtbar gemacht werden, indem das elliptisch schwingende Licht durch Hinzufügen einer bekannten Phasendifferenz mit Hilfe eines Kompensators in linear schwingendes umgewandelt wird.

Das Verhältnis $\mathfrak{E}_K/\mathfrak{E}_r^\perp$ der KERR-Amplitude zur Amplitude des in gewöhnlicher Weise reflektierten Lichtes ist in Abb. 35 sehr stark übertrieben dargestellt; es beträgt in Wirklichkeit nur etwa 10^{-3}. Die daraus folgenden KERR-Drehungen, d. h. die Winkel zwischen der großen Achse der Schwingungsellipse und der Amplitude

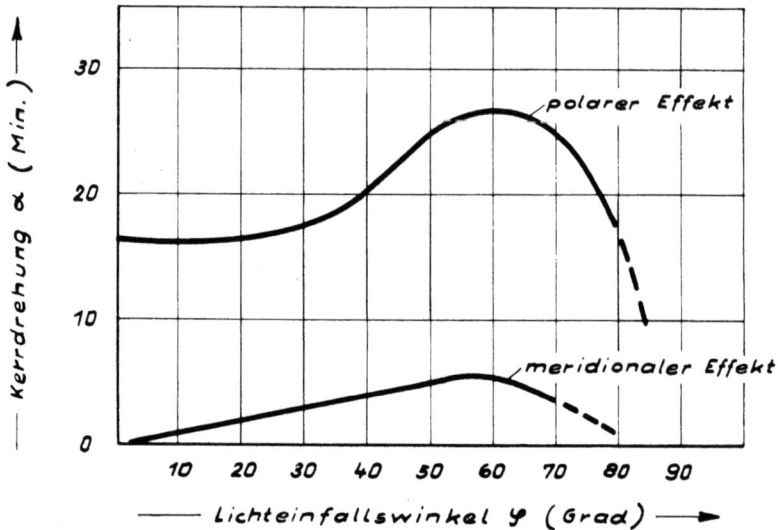

Abb. 37: Die KERR-Drehung α an Eisen- und Stahloberflächen in Abhängigkeit vom Lichteinfallswinkel φ bei polarer und meridionaler Magnetisierung

$\mathfrak{E}_\mathrm{F}^\perp$, sind äußerst gering und schwanken je nach Beobachtungsbedingungen zwischen einigen Winkelminuten und in günstigen Fällen rd. 0,4 Grad. Ihr Vorzeichen ist von der Magnetisierungsrichtung abhängig, und ihre Größe wird außer von den beschriebenen geometrischen Verhältnissen noch von der Art des verwendeten Ferromagnetikums, vom Lichteinfallswinkel und von der Wellenlänge des Lichtes, in dem beobachtet wird, stark beeinflußt. Abb. 37 gewährt einen Überblick über die Größe der KERR-Drehung α an Eisen- und Stahloberflächen in Abhängigkeit vom Lichteinfallswinkel φ bei polarer und meridionaler Magnetisierung. Während für Kobalt ähnliche Werte gelten, weist Nickel geringere Drehungen auf, die nur rd. 40% der in Abb. 37 angegebenen Werte erreichen. Optisch einachsige ferromagnetische Verbindungen, wie z. B. Fe_3C und Fe_3P, zeigen einen stärkeren KERR-Effekt als kubische Verbindungen (z. B. Fe_3O_4).

Die beim polaren Effekt auftretenden KERR-Drehungen übertreffen die meridional erreichten Drehungen um ein Mehrfaches. Beide Effekte erreichen bei einem Lichteinfallswinkel $\varphi \approx 60°$ einen Höchstwert und fallen bei noch größeren Einfallswinkeln ab. Während aber bei meridionaler Magnetisierung und senkrechtem Lichteinfall keine KERR-Komponente auftritt, da die Lichteinfallsrichtung keine Komponente in Richtung der parallel zur Oberfläche verlaufenden Magnetisierung hat, weist der polare Effekt bei $\varphi = 0°$ eine beachtliche Höhe auf. Der für die hier behandelten Fragen weniger bedeutsame äquatoriale Effekt ist hinsichtlich Richtung und Größe dem meridionalen Effekt ähnlich.

Im sichtbaren Spektralbereich nimmt die KERR-Drehung der ferromagnetischen Metalle Eisen, Kobalt und Nickel mit ansteigender Wellenlänge zu, während einige ferromagnetische Verbindungen, wie Zementit und Magnetit, Resonanzstellen aufweisen, die bei Eisen, Kobalt und Nickel im nahen Ultrarot und im Ultraviolett auftreten. Die Wellenlängenabhängigkeit des KERR-Effektes ist aber im Rahmen dieser Betrachtungen nur von untergeordneter Bedeutung, da der Spielraum des wählbaren Spektralbereiches von der mikroskopischen Beobachtung her eingeengt ist.

Die geschilderte Abhängigkeit der KERR-Drehung von der Geometrie der Magnetisierungsrichtungen und des optischen Strahlenganges erfordert die Beachtung einiger grundsätzlicher Hinweise, die bei der mikroskopischen Beobachtung der Bereichstrukturen mit Hilfe des KERR-Effektes berücksichtigt werden müssen. Die idealen Anordnungen, die — den schematischen Darstellungen Ia und Ib in Abb. 36 entsprechend — eine größtmögliche KERR-Drehung bewirken, sind bei beliebiger Lage einer vielkristallinen Probe nur für einige Elementarbereiche mit günstiger Magnetisierungsrichtung zum optischen Strahlengang erfüllt. Es besteht deshalb die Frage, ob auch solche Bereiche, die nur eine gewisse Komponente in dieser günstigen Magnetisierungsrichtung haben, in einem genügenden Kontrast erscheinen. Die Anwendung des polaren KERR-Effektes mit senkrecht zur Oberfläche verlaufender Magnetisierungsrichtung, die sich in allen Auflicht-Polarisationsmikroskopen mit üblichem Strahlengang verwirklichen läßt, ist auf einachsige ferromagnetische Kristalle und auf solche mit großer Kristallanisotropieenergie beschränkt (z. B. Kobalt, Zementit, Wismut-Mangan-Legierungen usw.). Die kristallographische Hauptachse einachsiger Kristalle stellt häufig die Richtung leichtester Magnetisierung dar, so daß Bereiche mit polarer Magnetisierung oder mit einer genügend großen Komponente in dieser Richtung sichtbar werden können. Kubische Kristalle hingegen weisen mehrere gleichberechtigte Vorzugslagen der Magnetisierung auf. Beim kubisch-raumzentrierten Eisen z. B. sind es die drei Richtungen parallel zu den Würfelkanten, beim kubisch-flächenzentrierten Nickel die vier Richtungen parallel zu den Raumdiagonalen. Da bei der Ausbildung der Bereichstrukturen starke magnetische Streufelder über der Probenoberfläche vermieden werden — ihre Entstehung erfordert einen beträchtlichen Energieaufwand —, werden im allgemeinen auf der Oberfläche kubischer Kristalle ohne entsprechend gerichtetes äußeres Magnetfeld keine Elementarbereiche mit polar zur Oberfläche gerichteter Magnetisierung gebildet. Die Bereiche müssen somit durch Ausnutzung des meridionalen KERR-Effektes sichtbar gemacht werden, der besondere, weiter unten beschriebene mikroskopische Anordnungen mit schrägem Lichteinfall verlangt.

Der aus der unterschiedlichen KERR-Drehung benachbarter Bereiche folgende Bildkontrast ist weiter von der relativen Lage ihrer Magnetisierungsrichtungen zueinander abhängig. Benachbarte, durch 180°-Wände getrennte Bereiche mit entgegengesetzt parallelen Magnetisierungsrichtungen ergeben den aus der doppelten KERR-Drehung $(+\alpha) + (-\alpha)$ folgenden größten Helligkeitsunterschied, während durch 90°-Wände oder durch noch geringere Winkelunterschiede abgegrenzte Bereiche (z. B. 71°-Wände bei Nickel) kontrastärmer erscheinen.

Der aus den sehr geringen KERR-Drehungen folgende Kontrast wird durch eine mehr oder weniger ausgeprägte Untergrundhelligkeit verschlechtert. Dies hat mehrere Ursachen, die zum Teil auf die Unvollkommenheit der Geräte zurückzuführen sind. Einmal beträgt der Polarisationsgrad der mikroskopischen Einrichtung keine 100%, sondern weicht geringfügig davon ab, zum anderen wirkt das unvermeidliche Reflex- und Streulicht im Mikroskop gering depolarisierend. Den wichtigsten Einfluß aber übt die elliptische Polarisation des Lichtes aus, die dann auftritt, wenn die Polarisationsebene von der geforderten senkrechten oder parallelen Orientierung zur Lichteinfallsebene abweicht. Derartige Abweichungen stellen eine notwendige Folge der endlichen Öffnungswinkel der Mikroskopobjektive dar, da die Lichtstrahlen unter verschiedenen Lichteinfallsrichtungen auf die Probenoberfläche treffen. Diese Störungen machen sich um so mehr bemerkbar, je größer die gewählte Objektivapertur ist, bei starken Vergrößerungen also.

Trotz weitgehender Ausschaltung der störenden Einflüsse und Justierung der mikroskopischen Einrichtungen auf optimale Bedingungen sind die KERR-Drehungen in den meisten Fällen doch zu klein, um die Bereichstrukturen deutlich hervortreten zu lassen. Nur Untersuchungen an einachsigen Wismut-Mangan-Legierungen (25, 63) und an Zementit (31), die verhältnismäßig große KERR-Drehungen aufweisen und ein verhältnismäßig geringes Reflexionsvermögen haben, ergaben bei Anwendung des polaren KERR-Effektes zufriedenstellende Bilder der Elementarbereiche. Versuche an Kobalt (75) und besonders die Bemühungen, mit Hilfe des meridionalen KERR-Effektes die Bereichstrukturen auf kubischen Kristallen sichtbar zu machen (21, 22, 23), führten nur zu kontrastarmen Abbildungen, die zudem auf sehr geringe Vergrößerungen der Einkristalloberflächen beschränkt waren.

Kontrast und Lichtstärke der Erscheinungen können jedoch durch aufgedampfte Interferenzschichten wesentlich verbessert werden (30, 39, 40, 46). Sie bewirken einmal eine *Schwächung der normal reflektierten Welle*, zum andern eine *Verstärkung der KERR-Komponente*, da bei jeder Reflexion des in der Schicht hin- und herreflektierten Lichtes eine weitere, zur normal reflektierten Amplitude hinzuaddierte KERR-Komponente erzeugt wird, so daß insgesamt eine wesentlich größere Drehung resultiert (14, 41). Zur anschaulichen Erklärung der Gefügeentwicklung durch Interferenz-Aufdampfschichten genügt allein die Berücksichtigung der Normalschwingung. Die Bedingungen, die die Interferenzschicht erfüllen muß, um die zusätzlich gewünschte Verstärkung des KERR-Effektes zu erzielen, sind die gleichen. Eine Betrachtung dieser Bedingungen bedarf nur insofern einer Erweiterung, als für den Fall der meridionalen Magnetisierung die Gesetzmäßigkeiten behandelt werden müssen, die für schrägen Lichteinfall gelten.

Bei schrägem Lichteinfall muß die wahre Schichtdicke hinsichtlich ihrer optischen Wirksamkeit als $\lambda/4$-Schicht entsprechend dem Einfallswinkel φ und dem Brechungswinkel χ verändert werden. Vollständige Auslöschung wird nur dann erreicht, wenn die Amplituden der beiden interferierenden Wellen gleich sind, wenn also das Reflexionsvermögen R_1 an der Grenzfläche Luft/Schicht und das Reflexionsvermögen R_2 an der Grenzfläche Schicht/Probe gleich groß sind. In Abb. 38 sind die Reflexionswerte R_1 und R_2 an einer Eisenoberfläche für senkrecht und parallel zur Lichteinfallsebene polarisiertes Licht in Abhängigkeit vom Einfallswinkel φ und für verschiedene Brechungsindizes n_s der Schicht dargestellt, wie sie sich aus den FRESNELschen Formeln ergeben. Für die als absorptionsfrei vorausgesetzte Schicht gilt

[43a]
$$R_1^{\perp} = \frac{\sin^2(\varphi - \chi)}{\sin^2(\varphi + \chi)}$$

und

[43b]
$$R_1'' = \frac{\mathrm{tg}^2(\varphi - \chi)}{\mathrm{tg}^2(\varphi + \chi)}.$$

Für $R_2^{\perp}$ ist nach FRESNEL

[44]
$$R_2^{\perp} = \frac{(n - n_s \cos \chi)^2 + k^2}{(n + n_s \cos \chi)^2 + k^2},$$

wobei $n = 2{,}31$ den Brechungsindex und $k = 3{,}30$ den Absorptionskoeffizienten des Eisens für die grüne Quecksilberlinie ($\lambda = 546{,}1$ nm) bedeuten. Auf der Abszisse sind die für R_1 geltenden φ-Werte aufgetragen. Die diesen entsprechenden Werte für χ, die aus dem Brechungsgesetz

$$n_s = \frac{\sin \varphi}{\sin \chi}$$

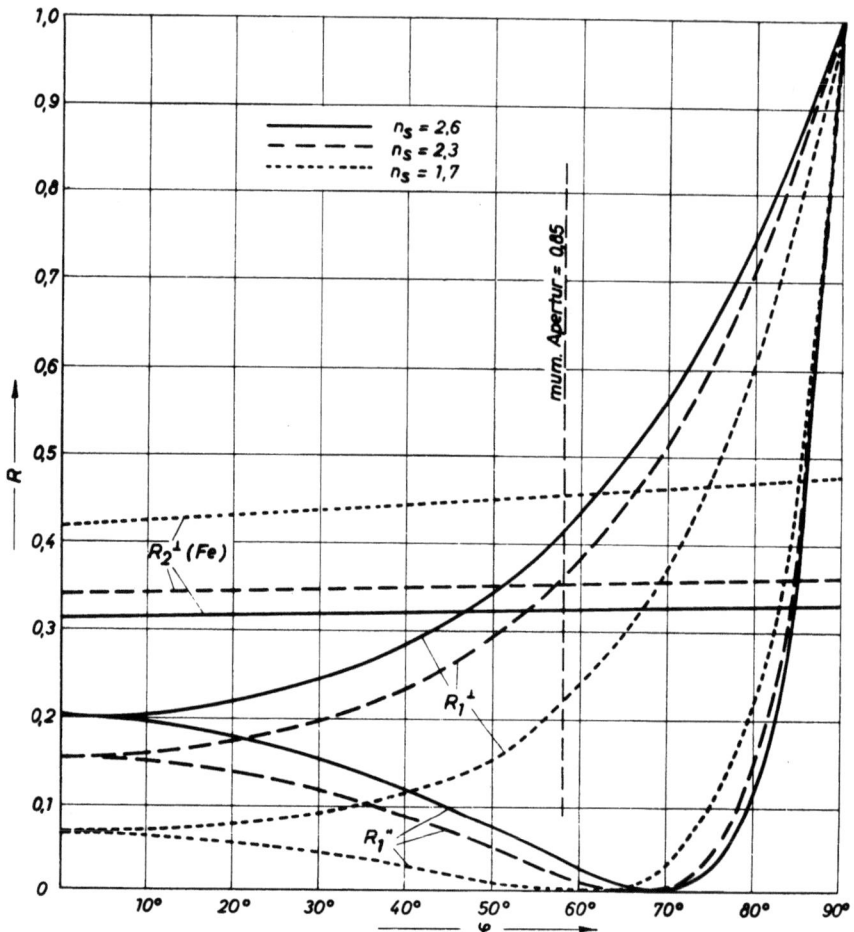

Abb. 38: Winkelabhängigkeit der Reflexion an einer Eisenoberfläche mit Interferenzschicht ($R_1^\perp$ und $R_2^\perp$ = Reflexionswerte an der Grenzfläche Luft/Schicht und Schicht/Probe für senkrecht zur Lichteinfallsebene polarisiertes Licht, R_1'' = Reflexionswerte an der Grenzfläche Luft/Schicht für parallel zur Lichteinfallsebene polarisiertes Licht)

folgen, stellen den Abszissenmaßstab für R_2 dar, der für verschiedene Brechungsindizes n_s also unterschiedlich ist. Die nur geringe Winkelabhängigkeit von R_2 ergibt sich somit aus dem kleinen betrachteten Winkelbereich für χ.

Im Falle des senkrechten Lichteinfalls, der nur bei polarer Magnetisierung der Bereichstrukturen angewendet werden kann, weisen R_1 und R_2 noch beträchtliche Unterschiede auf; die Amplitudenbedingung ist aber um so besser erfüllt, je höher der Brechungsindex der Schicht ist. Wie hier nicht näher ausgeführte Rechnungen ergaben, schwächt eine Interferenzschicht mit $n_s = 2,3$ die Reflexion an einer Eisenoberfläche, die ohne Interferenzschicht 57,5% beträgt auf 6,5%. Beim Kobalt erfolgt eine Schwächung von 65% auf 13%, d.h. eine Verstärkung der KERR-Drehung aufgrund der Schwächung der Normalschwingung um den Faktor 5.

Hierzu kommt die Verstärkung der KERR-Drehung infolge der mehrfachen Addition der KERR-Komponente durch die Hin- und Herreflexion in der Schicht, so daß — wie empirisch festgestellt wurde — eine etwa achtfache Gesamtverstärkung erzielt werden kann. Dieser Verstärkungsgrad ist aber zur kontrastreichen Abbildung der Elementarbereiche völlig ausreichend, da die polare KERR-Drehung bei $\varphi = 0°$ nach Aussage von Abb. 37 ohnehin verhältnismäßig groß ist.

Der bei Anwendung des meridionalen Effektes erforderliche schräge Lichteinfall bietet — wenn er auch die mikroskopische Beobachtung erschwert — den großen Vorteil, daß die Amplitudenbedingung mit guter Näherung erfüllt werden kann. Für eine Interferenzschicht mit einem Brechungsindex von 2,3 erreichen $R_1^{\perp}$ und $R_2^{\perp}$ bei $\varphi = 57°$ denselben Wert; für $n_s = 2,6$ liegt der Schnittpunkt der $R_1^{\perp}$- und $R_2^{\perp}$-Kurven bei $\varphi = 47°$. Die Verwirklichung dieser Einfallswinkel ermöglicht im Verein mit einer genauen Einhaltung der Phasenbedingung eine weitgehende Auslöschung durch Interferenz und damit eine hohe (etwa 12- bis 15fache) Verstärkung der KERR-Drehung, ein Ergebnis, das für die im Vergleich zum polaren Effekt geringen meridionalen KERR-Drehungen einen gewissen Ausgleich schafft.

Nach den einleitenden Ausführungen kann der KERR-Effekt nur dann beobachtet werden, wenn die elliptische Polarisation des in gewöhnlicher Weise an der Metalloberfläche reflektierten Lichtes weitgehend vermieden wird, indem das einfallende linear polarisierte Licht senkrecht oder parallel zur Einfallsebene schwingt. Diese Bedingung erfährt bei der Anwendung der Interferenzwirkung aufgedampfter Schichten eine Verschärfung, da nur das senkrecht polarisierte Licht eine wirksame Verstärkung ermöglicht. Für parallel polarisiertes Licht wird hingegen die Amplitudenbedingung um so schlechter erfüllt, je größer der Einfallswinkel ist. Mit wachsendem φ ist ein stetiger Abfall der Werte für R_1'' bis auf Null bei $\varphi = 67°$ (BREWSTERscher Winkel) verbunden. Eine Ausnutzung des Wiederanstiegs von R_1'' bei sehr hohen Einfallswinkeln läßt sich experimentell nicht verwirklichen. Von diesem optischen Verhalten kann man sich in eindrucksvoller Weise überzeugen, wenn man eine beschichtete Metalloberfläche durch ein Polarisationsfilter unter schrägem Winkel betrachtet. Bei senkrecht schwingendem Licht leuchten die Interferenzfarben kräftig auf, während sie beim Drehen des Filters immer mehr verblassen, um nach einer Drehung von 90° fast völlig zu verschwinden, so daß die Oberfläche in ihrer natürlichen Eigenfarbe erscheint.

Die Proben erfordern vor dem Aufdampfen eine Vorbereitung, bei der die gleichen Maßregeln beachtet werden müssen wie bei Anwendung des Pulverlinienverfahrens. Um die sehr verwickelten Strukturen auf den Probenoberflächen zu vermeiden, die nach dem mechanischen Polieren auftreten und die nicht die Bezirksstruktur im Kristallinneren wiedergeben, sondern einer durch den Poliervorgang veränderten Oberflächenschicht zuzuschreiben sind, ist ein elektrolytisches Polieren geboten. Stoffe, die sich nur schwierig elektrolytisch polieren lassen, erfordern nach einer mechanischen Politur eine Vakuum-Glühbehandlung, bei der die mechanischen Spannungen abgebaut werden.

Die Sichtbarmachung magnetischer Bereichstrukturen auf der Oberfläche einachsiger ferromagnetischer Kristalle (oder auf kubischen Kristallen mit hoher

Kristallanisotropieenergie) durch Ausnutzung des *polaren* KERR-*Effektes* in einem üblichen Auflicht-Polarisationsmikroskop mit normalem Strahlengang führt zu sehr kontrastreichen Bildern, die denen des Pulverlinienverfahrens in jeder Weise überlegen sind. Diese Überlegenheit folgt aus der Tatsache, daß in Verbindung mit der möglichen Ausnutzung der vollen lichtmikroskopischen Auflösung die Bereiche selbst als Ganzes in deutlichem Kontrast erscheinen, während das BITTERsche Streifenverfahren lediglich ein Abbild der Bereichsgrenzen gibt. Abb. 39 zeigt

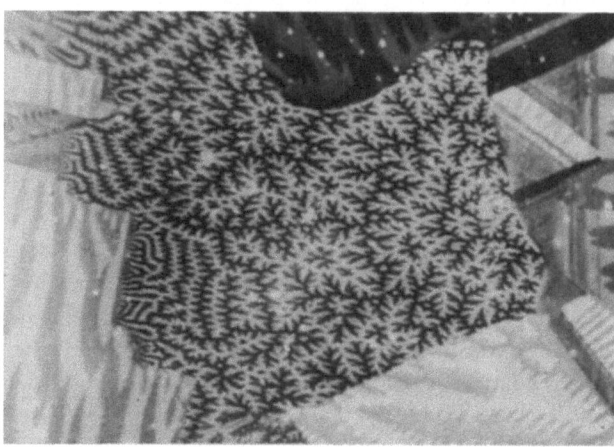

Abb. 39: Ferromagnetische Bereiche auf einer polykristallinen Kobaltoberfläche (V = 500:1)

eine photographische Aufnahme mit sehr reizvollen Mustern auf einer polykristallinen Kobaltoberfläche ohne Einwirkung eines äußeren Magnetfeldes. Da die einzelnen Kristallite eine verschiedene Orientierung ihrer hexagonalen Achse zur Oberfläche haben, weisen sie sehr unterschiedliche Strukturen auf. Vornehmlich treten immer wieder zwei Grundarten auffällig in Erscheinung, die mit den beiden Extremlagen der kristallographischen Hauptachse verknüpft sind. Es sind streifenförmige Bereiche mit antiparallelen Magnetisierungsrichtungen bei paralleler Lage der Hauptachse zur Oberfläche und sternchenförmige Muster bei senkrecht zur Oberfläche orientierter Hauptachse. Daneben beobachtet man vielgestaltige Übergangsformen, wenn die hexagonale Achse mit der Oberfläche beliebige Winkel bildet.

Die Beobachtung magnetischer Bereiche auf kubischen Kristallen (mit nicht extrem hoher Kristallanisotropieenergie) aufgrund des *meridionalen* KERR-*Effektes* erfordert eine mikroskopische Anordnung, bei der Beleuchtungs- und Abbildungsstrahlengang einen größeren Winkel miteinander bilden. Nach Abb. 37 erreicht die meridionale KERR-Drehung bei $\varphi \approx 50-60°$ maximale Werte, so daß der Winkel zwischen Beleuchtungs- und Abbildungsstrahlengang 100 bis 120° betragen sollte. Im Beleuchtungsstrahlengang befinden sich in der Brennebene eines Linsensystems eine Quecksilber-Höchstdrucklampe mit Grünfilter, weiterhin ein Polarisator, der so eingestellt wird, daß das einfallende Licht senkrecht zur Einfallsebene schwingt. Dem Mikroskopobjektiv im Abbildungsstrahlengang ist ein drehbarer

Analysator vorgeschaltet. Dieser einfache Aufbau besitzt aber große Mängel, die seine Verwendbarkeit auf geringe Vergrößerungen ($V_{Max} \approx 50:1$) beschränken. Objektive mit mehr als 5- bis 6facher Eigenvergrößerung erfordern einen geringen Arbeitsabstand, der sich bei einem Beobachtungswinkel von 50° aus räumlichen Gründen nicht verwirklichen läßt. Außerdem nimmt die Schärfentiefe bei höheren Aperturen in einem solchen Maße ab, daß nur ein sehr schmaler, völlig unzureichender Bereich der Bildmitte unverzerrt abgebildet wird. Dieser Nachteil kann durch die Wahl eines kleineren Einfallswinkels etwas gemildert werden. Wie im vorhergehenden Abschnitt erwähnt wurde, tritt mit zunehmendem Öffnungswinkel des Objektivs die elliptische Polarisation des in gewöhnlicher Weise reflektierten Lichtes immer stärker in Erscheinung, so daß die Abnahme der KERR-Drehungen bei kleineren Einfallswinkeln durch eine Verminderung der störenden Untergrundhelligkeit infolge dieser elliptischen Polarisation ausgeglichen wird. Wägt man diese gegenläufigen Einflüsse gegeneinander ab, so folgt daraus ein günstigster Einfallswinkel von etwa 20—25°, der sich mit einem handelsüblichen 45°-Illuminator in einfacher Weise verwirklichen läßt (57). Ein solcher 45°-Illuminator, der für die Fluoreszenzmikroskopie und für mikroskopische Untersuchungen im diffus reflektierten Licht Verwendung findet, wird an Stelle des normalen Auflicht-Illuminators an das Mikroskop angesetzt. Er ist zusätzlich mit Polarisator und Analysator ausgerüstet. Die Probe ist auf einem senkrecht zu ihrer Oberfläche drehbaren Tisch angeordnet und dem Lichteinfallswinkel entsprechend um $22^{1}/_{2}°$ geneigt. Wenn sich auf diese Weise auch etwa 100fache Vergrößerungen erreichen lassen, so bleibt dennoch eine unverzerrte Abbildung auf einen schmalen, länglichen Bereich durch die Bildmitte beschränkt. Eine unverzerrte, scharfe Abbildung des gesamten Gesichtsfeldes ist nur durch die umständlichere Maßnahme einer Schrägstellung des Objektivs möglich (19).

Hohe Bildvergrößerungen lassen sich erzielen, wenn zur Bilderzeugung im normalen Auflicht-Polarisationsmikroskop ein sehr schiefes und enges Lichtbündel angewendet wird (26,53). Die Aperturblende im Beleuchtungsstrahlengang des Mikroskops wird so weit aus der optischen Achse verschoben und so weit zugezogen, daß nur ein Teil der äußeren Randstrahlen eines Objektivs mit hoher Apertur der Abbildung dient. Durch Verstellen der exzentrischen Aperturblende läßt sich derjenige Einfallswinkel des schmalen Lichtbündels finden, der einen größtmöglichen Kontrast gewährleistet. Für diese Beobachtung können Objektive mit numerischen Aperturen $> 0,40$ verwendet werden. Die Verwendung von Immersionsobjektiven erlaubt eine Abbildung der magnetischen Bereiche aufgrund des meridionalen KERR-Effektes mit voller polarisationsmikroskopischer Auflösung.

Durch den meridionalen KERR-Effekt werden die Elementarbereiche bei vorgegebener Lage der Probe nur auf einzelnen Körnern einer polykristallinen Oberfläche deutlich sichtbar, und zwar nur diejenigen, bei denen die Richtung der spontanen Magnetisierung eine genügend große Komponente in Richtung des einfallenden Lichtbündels besitzt. Der Kontrast zwischen antiparallel magnetisierten Bereichen, der dann maximal ist, wenn Magnetisierungs- und Lichteinfallsrichtung übereinstimmen, nimmt bei einer Drehung der Probe nach einem cos-Gesetz ab. Diese Richtungsabhängigkeit, die die Ursache dafür bildet, daß nicht alle Bereiche auf einer polykristallinen Oberfläche nebeneinander sichtbar sind, sondern daß die einen erst nach einer Drehung erscheinen, andere aber dafür verschwinden, kann indessen nicht als Nachteil bewertet werden. Sie bietet im Gegenteil die Möglichkeit, aus den Kontrasten zwischen den einzelnen Bereichen die Richtungen der spontanen Magnetisierung bestimmen zu können, und zwar auch dann, wenn neben antiparallel magnetisierten Nachbarbereichen auch 90°-Wände, die unter 45° zur Magnetisierungsrichtung verlaufen, am Aufbau der Strukturen beteiligt sind. So zeigen auch die in Abb. 40a wiedergegebenen Bereichstrukturen von Siliziumstahl nicht nur einen Hell-Dunkel-Kontrast, sondern weisen drei verschiedene Graustufen auf. Im oberen Teilbild sind die bekannten „Tannenbaum-Strukturen" abgebildet, die bei einer geringen Neigung der Oberfläche gegen die (100)-Ebene entstehen, im mittleren Teilbild dreieckförmige Abschlußbezirke an einer Korngrenze und im unteren Bild verwickelt aufgebaute Ausgleichsbezirke auf einer Würfelfläche.

Die Kontraste, die aus den geschilderten geometrischen Zusammenhängen folgen, erlauben eine unmittelbare Bestimmung der Magnetisierungsrichtungen in den Bereichen; sie sind in Abb. 40b durch Pfeile gekennzeichnet. Die mit einer

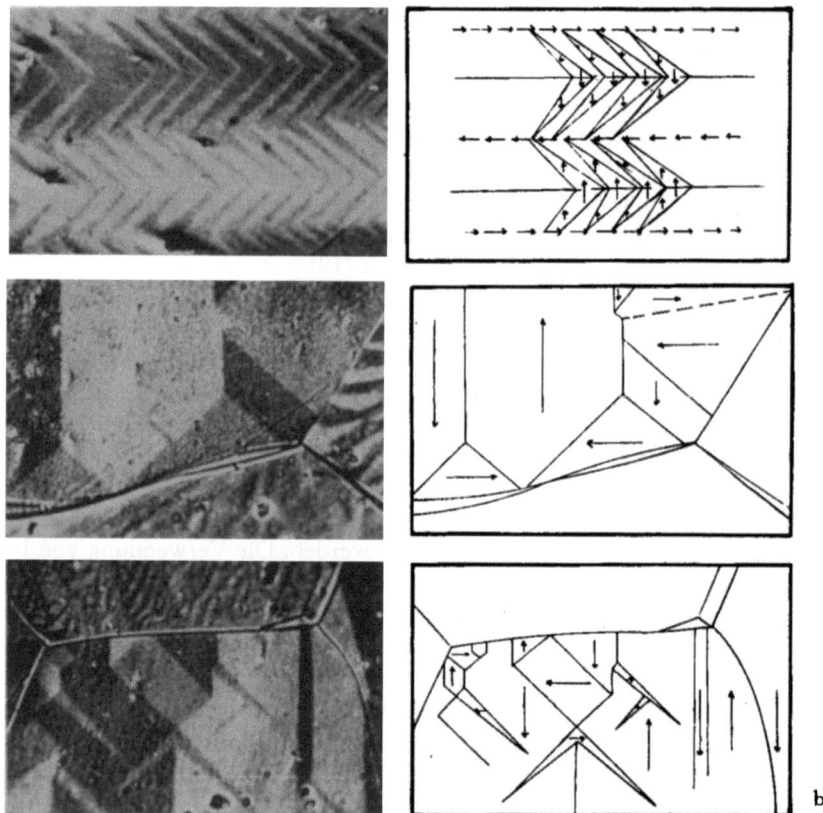

Abb. 40: Ferromagnetische Bereiche mit 180°- und 90°-Wänden auf einer Würfelfläche von Siliziumstahl (V = 150:1)

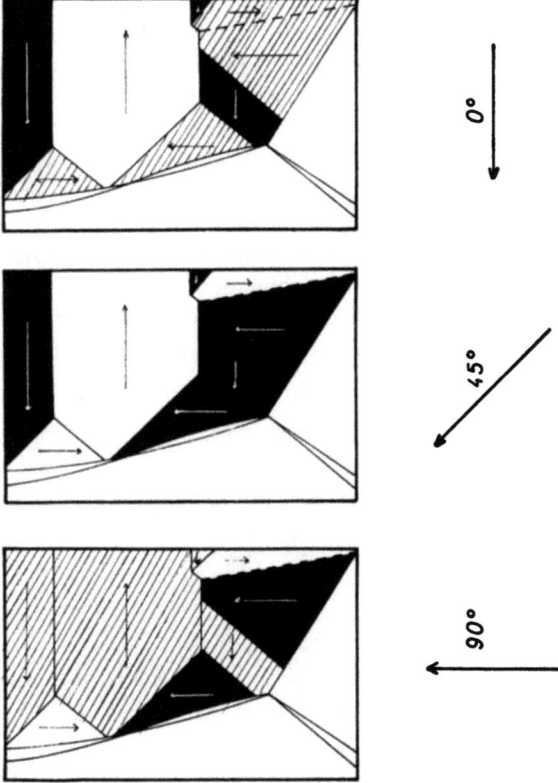

Abb. 41: Kontraständerungen bei einer Drehung der Probe (Die Pfeile am Bildrand kennzeichnen die Projektion der Lichteinfallsrichtung)

Drehung der Probe verbundenen Kontraständerungen sind für das mittlere Teilbild der Abb. 40 in Abb. 41 schematisch dargestellt. Das obere Bild entspricht der in Abb. 40 gewählten Probenlage. Die mittelgrau erscheinenden Bereiche sind schraffiert gezeichnet. Nach einer Drehung um 45° (mittleres Bild) treten nur zwei verschiedene Helligkeiten auf, da die Magnetisierungsrichtungen aller Bereiche um 45° zum einfallenden Lichtbündel geneigt sind. Eine 90°-Drehung (unteres Teilbild) verursacht einen Hell-Dunkel-Kontrast der im oberen Bild einheitlich grau erscheinenden antiparallelen Bereiche, während alle Bereiche mit nunmehr senkrecht zur Lichteinfallsrichtung verlaufender Magnetisierung keinen Kontrast aufweisen.

Die kerroptische Beobachtung hat sich in den letzten Jahren zur meistangewendeten Methode der Untersuchung ferromagnetischer Bereiche entwickelt. Die erzielten Ergebnisse haben in zahlreichen Veröffentlichungen ihren Niederschlag gefunden. Wenn diese auch nicht alle aufgezählt werden können, so sei aber auf jene Arbeiten hingewiesen, in denen die Vorteile dieses Verfahrens in besonderem Maße zum Ausdruck kommen: Seine Trägheitslosigkeit befähigt zur Untersuchung von Wechselfeldmagnetisierungen selbst bei höheren Frequenzen (bis etwa 20 kHz)

(15, 16, 47). Der der Untersuchung zugängliche Temperaturbereich kann bis zur Curietemperatur des Nickels (66) und des Eisens (35, 43) ausgedehnt werden, und letztlich gewährleistet die kerroptische Abbildung verläßlichere Deutungen der Bereichsausbildung als das von der Größe und Richtung der Streufelder abhängige Pulverlinienverfahren (42).

Neben diesen Fragen aus dem Gebiet des Magnetismus bietet die kerroptische Methode metallographische Anwendungsmöglichkeiten, für die die Beobachtung der ferromagnetischen Bereiche auf der Oberfläche von Martensitkristallen einer kohlenstoffreichen Eisenlegierung ein Beispiel bildet (54). Die Ausbildung der Elementarbereiche spiegelt in kennzeichnender Weise den strukturellen Zustand der Martensitkristalle und die Änderungen, die diese beim Anlassen erfahren, wider (Abb. 42). Im abgeschreckten Zustand (a) weist der tetragonale Martensit

→ Projektion der Lichteinfallsrichtung

a) b)

Abb. 42: Ferromagnetische Bereiche auf Martensit (Stahl mit 1,52% C, 1,02% Mn) mit TiO$_2$ bedampft (V = 750:1)
a) 1 h 1150°C/Wasser
b) 1 h 1150°C/Wasser + 1 h 180°C/Luft

feinstreifige, unregelmäßig verlaufende und häufig zickzackförmig begrenzte Bereichstrukturen auf, die charakteristisch sind für einen unter starken Eigenspannungen stehenden Kristalliten. Durch Anlassen erfolgt ein stetiger Übergang in „kubischen" Martensit. Dieser Vorgang wird von einer Umordnung der Bereichstrukturen begleitet (b). Der angelassene Martensit zeichnet sich durch regelmäßig angeordnete, streifenförmige Bereiche aus, deren Magnetisierungsrichtungen unabhängig von der kristallographischen Orientierung senkrecht zur Längsachse der Martensitkristalle verlaufen. In den charakteristischen Unterschieden zwischen den magnetischen Strukturen des tetragonalen und des „kubischen" Martensits spiegeln sich zwar nicht unmittelbar der tetragonale bzw. kubische Gittertyp wider; diese Verschiedenheit beruht vielmehr auf der hohen Spannungsanisotropie des tetragonalen Martensits und der beherrschenden Formanisotropie der kubischen Martensitkristallite. Das Ergebnis aber, martensitische Gefüge aufgrund der Beobachtung magnetischer Mikrostrukturen beschreiben und beurteilen zu können, weist auf die gewiß auch für andere Gefüge gegebene Möglichkeit hin, mit polarisationsmikroskopischen Untersuchungen der Elementarbereiche zu metallographischen Aussagen zu gelangen.

Der FARADAY-Effekt beschreibt die dem magnetooptischen KERR-Effekt analogen Erscheinungen bei Durchstrahlung des Ferromagnetikums mit polarisiertem Licht. Eine Anwendung auf die Beobachtung ferromagnetischer Bereiche ist somit auf dünne Schichten, die auf lichtdurchlässiger Unterlage niederschlagen werden, beschränkt (4, 24). Die Drehung der Polarisationsebene ist gegenüber der natürlichen Drehung „optisch aktiver" Kristalle (s. S. 56) um einige Zehnerpotenzen größer: Sie beträgt für Eisen 380000°/cm, so daß etwa 1000Å dicke Schichten Drehungen von einigen Grad ergeben, wenn der Lichteinfall in Richtung der Magnetisierung erfolgt, ein Sonderfall, der ohne Einwirkung eines entsprechend gerichteten äußeren Feldes nicht auftritt. Im übrigen gelten die gleichen Abhängigkeiten der Drehung von der Orientierung der Lichteinfallsrichtung zur Magnetisierungsrichtung, wie für den Fall des KERR-Effektes beschrieben. — Um die Bereiche relativ dicker Schichten mit geringer Lichtdurchlässigkeit im Durchlicht beobachten zu können, ist eine Steigerung der Durchlässigkeit erwünscht. Auch in diesem Fall bietet sich die Aufdampfung dielektrischer Interferenzschichten geeigneter Brechzahl und Schichtdicke an. Die Wirkung der Interferenzschicht mit hoher Brechzahl besteht in einer Verminderung des Reflexionsvermögens der stark reflektierenden Schicht, als deren Folge eine Erhöhung der Lichtdurchlässigkeit um ein Mehrfaches erreicht wird (5).

c) Beobachtung antiferromagnetischer Bereiche

In antiferromagnetischen Stoffen führen die Austauschkräfte zu einer antiparallelen Ausrichtung der magnetischen Momente benachbarter Atome oder zu einer schraubenförmigen Anordnung längs einer kristallographischen Achse, so daß sich keine spontane Magnetisierung ergibt. Bereiche mit einheitlicher Momentenordnung treten in antiferromagnetischen Kristallen nur deshalb auf, weil sich beim Abkühlen unter die NÉEL-Temperatur an verschiedenen Stellen des Kristalls antiferromagnetische Keime mit unterschiedlich gerichteter magnetischer Ordnung bilden. Das Wachstum dieser Keime bis zum gegenseitigen Aneinanderstoßen führt zu einer Aufteilung des Kristalls in Bereiche, die — im Gegensatz zur ferromagnetischen Bereichsbildung — instabil ist. Im thermodynamischen Gleichgewicht besteht der Kristall aus einem antiferromagnetischen Einbereich, doch setzt dieser Zustand einen Einkristall mit weitgehend ungestörtem Gitteraufbau voraus. Die mannigfaltigen Gitterstörungen (Korngrenzen und Kleinwinkelkorngrenzen, Versetzungen, Stapelfehler usw.) behindern indessen eine Blochwandwanderung durch den Kristall hindurch bis an seine äußeren Begrenzungen, so daß im allgemeinen antiferromagnetische Kristalle Bereichsstrukturen aufweisen, die aus dem Realbau der Kristalle folgen.

Die Beobachtung antiferromagnetischer Bereiche erfordert wegen der fehlenden spontanen Magnetisierung andere Grundlagen als die Sichtbarmachung ferromagnetischer Bereiche. Dafür bietet sich die mit der antiferromagnetischen Ordnung verbundene Änderung der Gittersymmetrie an, wenn die dadurch verursachte gewöhnliche Doppelbrechung hinreichend groß ist (s. S. 53). So erfahren die im paramagnetischen Zustand streng kubischen Gitter der Übergangsmetalloxide NiO, CoO, FeO, MnO eine rhomboedrische (NiO, FeO, MnO) bzw. tetragonale (CoO) Gitterverzerrung, bei der die Änderung des Achsenverhältnisses zwar nur 10^{-3} beträgt, die Doppelbrechung von $n_x - n_y \approx 0,003$ (64) aber ausreicht, um die Bereiche im Polarisationsmikroskop beobachten zu können (55, 65). Im Gegensatz zu diesen schwach absorbierenden Kristallen führen die in stark absorbierenden, metallischen Kristallen auftretenden Gitterverzerrungen zu schwächeren Doppelbrechungserscheinungen, so daß in diesen Fällen eine Verstärkung durch Interferenz-Aufdampfschichten nützlich ist.

Gold-Mangan-Legierungen mit Zusammensetzungen, die etwa der Verbindung MnAu entsprechen, bilden ein geordnetes kubisch- raumzentriertes Gitter, das beim Beginn der antiferromagnetischen Ordnungseinstellung durch Kontraktion tetragonal verzerrt wird (NÉEL-Temperatur (MnAu) = 240 °C). Die Änderung des Achsenverhältnisses beträgt bei Raumtemperatur einige Prozent (68). Eine Kontraktion verschiedener Würfelkantenrichtungen in benachbarten Gitterbereichen hat eine Aufteilung des Kristalls in Bereiche mit untereinander verschiedener, in sich aber einheitlicher magnetischer Ordnung zur Folge, wie das polarisationsmikroskopische Bild einer polykristallinen MnAu-Oberfläche in Abb. 43 zeigt.

Abb. 43: Antiferromagnetische Zwillingsstrukturen auf MnAu (ZnS-Bedampfung) (V = 500:1)

Die aufgedampfte ZnS-Interferenzschicht bewirkt einen sehr deutlichen Kontrast zwischen den antiferromagnetischen „Zwillingsbereichen", zwischen denen — wie aus den Entstehungsmöglichkeiten folgt — ein strenger Orientierungszusammenhang besteht.

Zwar können die Strukturen in MnAu auch durch Ätzen entwickelt werden (68); doch sind die Strukturen dadurch „eingefroren". Die polarisationsmikroskopische Methode ist jedoch aufschlußreicher und erlaubt die Untersuchung der starken Temperaturabhängigkeit der Gitterverzerrungen und weiterer „martensitischer" Umwandlungen, die in Legierungen mit weniger als 50 At.-% Au auftreten.

Bisher wurden erst vereinzelt lichtmikroskopische Untersuchungen über antiferromagnetische Bereiche durchgeführt. Eine breitere Anwendung der Polarisationsmikroskopie zum Studium der Erscheinungen, die bei antiferromagnetischen

Ordnungseinstellungen, Ordnungsumwandlungen und bei der Einwirkung äußerer Felder und Kräfte auftreten, dürfte jedoch zu aufschlußreichen Ergebnissen über den Aufbau der zahlreichen antiferromagnetisch geordneten Kristalle führen. Die Anwendung des Interferenzschichten-Verfahrens wird sich bei diesen Untersuchungen als sehr wirksam erweisen, wenn die häufig zu geringe optische Anisotropie absorbierender Kristalle einer Verstärkung bedarf.

X. Ferromagnetische Halbleiter als Interferenzschichten

Die seit einigen Jahren bekannten „ferromagnetischen Halbleiter" zeichnen sich — wie in so manchen physikalischen Eigenschaften — auch in ihrem optischen Verhalten in besonderer Weise aus: Sie besitzen in der Nähe ihrer CURIE-Temperaturen eine sehr große FARADAY-Drehung und weisen in diesen Temperaturbereichen eine starke Beeinflussung ihrer Absorption durch äußere Magnetfelder auf. Als Halbleiter besitzen sie eine „Absorptionskante", so daß sie im Wellenlängenbereich oberhalb dieser Kante lichtdurchlässig sind, während mit abnehmender Wellenlänge die Absorption mehr und mehr zunimmt (s. S. 20). Die spektrale Lage dieser Absorptionskante erfährt durch äußere Magnetfelder eine z. T. sehr beträchtliche Rotverschiebung. Sie beträgt z.B. für Europiumsulfid bei 18 °K ($T_c = 16\,°K$) in einem Feld von 19 kOe $\Delta\lambda = 25$ nm (12). Besonders eingehend sind die optischen Eigenschaften der Europiumchalkogenide untersucht. Sie finden als aufgedampfte Interferenzschichten zur mikroskopischen Beobachtung von Supraleitungsstrukturen eine interessante Anwendung, und es scheint, daß sich dieser ersten Anwendung noch zahlreiche weitere im Rahmen der Interferenzschichten-Mikroskopie anschließen werden.

a) Beobachtung von Supraleitungsstrukturen

In Supraleitern I. Art tritt bei nicht verschwindendem Entmagnetisierungsfaktor oberhalb eines bestimmten von der Temperatur abhängigen Feldes der sog. Zwischenzustand auf mit einem Nebeneinander von supraleitenden und normalleitenden Bereichen. Zur Beobachtung dieses Zustandes bedient man sich magnetooptischer Methoden, indem eine Schicht mit großer FARADAY-Rotation auf die Oberfläche des Supraleiters gebracht wird. Bei Beleuchtung mit polarisiertem Licht wird die Polarisationsebene an jenen Stellen der Schicht gedreht, in die ein äußeres Magnetfeld, das die normalleitenden Bereiche durchdringt, eintritt. Auf diese Weise entsteht ein Bild des Zwischenzustandes mit seinen supraleitenden und normalleitenden Bereichen. Die mikroskopische Auflösung, die bei dicken Schichten in der Größenordnung der Dicke der aufgebrachten Schicht liegt, und der Kontrast, der von der spezifischen Drehung und der Schichtdicke abhängt, stehen in Konkurrenz zueinander. Gegenüber früheren Anordnungen, in denen verspiegelte Cerphosphat-Gläser mit großer spezifischer FARADAY-Drehung verwendet wurden und die ihrer Dicke wegen nur eine sehr ungenügende mikroskopische Auflösung lieferten, wurden von H. KIRCHNER (33) dünne Schichten der schon erwähnten Europiumchalkogenide aufgedampft. Diese Substanzen besitzen eine sehr große FARADAY-Drehung von einigen 100 000 °/cm (71). Als besonders geeignet erwies sich Europiumsulfid, dessen ferromagnetische Ordnung, die sich störend auf die Supraleitungsstruktur auswirken würde, durch einen Zusatz von Europiumfluorid unterdrückt wurde. Die Schichtdicken von etwa 1000 Å gewährleisten die Ausnutzung der vollen lichtmikroskopischen Auflösung. Abb. 44 zeigt die Oberfläche einer supraleitenden Bleischicht von 12 μm Dicke im Zwischenzustand.

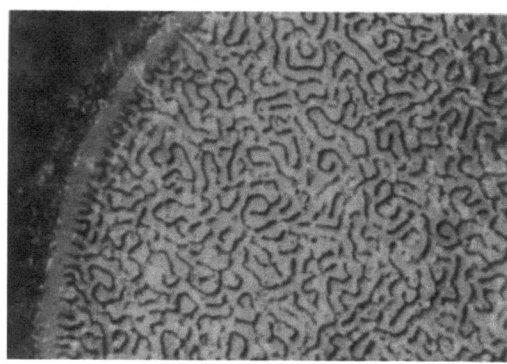

Abb. 44: Zwischenzustand in supraleitendem Blei bei 4,2°K (V = 150:1)
(nach H. Kirchner)

Zur Verstärkung der effektiven Drehung werden — wie bei der auf S. 000 beschriebenen Beobachtung magnetischer Bereiche mit Hilfe des FARADAY-Effektes — Interferenzschichten-Methoden angewendet (34). Sie sind vor allem dann unerläßlich, wenn die Beobachtungen im Bereich kleiner Magnetfelder durchgeführt werden sollen.

Bildet man die „Indikatorschicht" aus EuS + EuF$_2$ ($n_s \sim 2,5$, $k_s \sim 0,3$ für $\lambda = 550$ nm) selbst als Einfach-Interferenzschicht aus, so ergeben sich für Blei als Supraleiter ($n \sim 2,0$, $k \sim 3,5$) in der Interferenz nullter Ordnung Schichtdicken von etwa 400 Å bei weitgehender Erfüllung der Amplitudenbedingung: $R_{Min} < 0,005$. Die Interferenz 1. Ordnung bedingt eine Schichtdicke von etwa 1500 Å, dabei aber ein Ansteigen von R_{Min} auf 0,07. Durch Variation der Beobachtungswellenlänge lassen sich indessen die Kontraste noch erheblich verbessern. Ist die Interferenzbedingung z. B. für $\lambda = 600$ nm in der 1. Ordnung erfüllt, so wird $R_{Min} < 0,01$ bei einer Schichtdicke von etwa 1650 Å.

Dieses Beobachtungsverfahren, bei dem die „Indikatorschicht" als Interferenzschicht ausgebildet ist, scheint wegen seiner Trägheitslosigkeit besonders geeignet zum Studium dynamischer Vorgänge, d. h. der Abhängigkeit der Supraleitungsstrukturen von magnetischer Feldstärke und Temperatur. Es besteht begründete Hoffnung, das Verfahren auch auf die Untersuchung des „gemischten Zustandes" von Supraleitern II. Art anwenden zu können.

b) Weitere Anwendungsmöglichkeiten

Die große FARADAY-Drehung dieser Schichten sollte ausgenutzt werden können, um magnetische Bereiche bei tiefen Temperaturen zu beobachten aufgrund der an ihrer Oberfläche austretenden Streufelder. Dieses Verfahren sollte — wie das Pulverlinienverfahren — ein Abbild der Bereichsgrenzen liefern. Es besitzt ihm

Weitere Anwendungsmöglichkeiten

gegenüber aber den Vorteil der Trägheitslosigkeit und ist bis zu tieferen Temperaturen anwendbar.

Auch die Lösung speziellerer mikroskopischer Probleme, wie etwa der Nachweis ferromagnetischer Gefügebestandteile in nichtferromagnetischer Matrix sollte auf diese Weise möglich sein, eine Aufgabe, die für den Metallographen im Rahmen der Gefügediagnose von erheblichem Interesse ist. Selbst wenn die lichtmikroskopische Auflösung nicht ausreicht, die Bereichstruktur abzubilden, tritt ein Kontrast aufgrund der an der Oberfläche der ferromagnetischen Kristallite austretenden Streufelder auf.

Schließlich scheint es lohnenswert, alle diese Beobachtungen (Supraleitungsstrukturen, ferromagnetische Bereiche und Gefügebestandteile) mit Hilfe der Rotverschiebung durchzuführen, die in ferromagnetischen Halbleiterschichten in der Nähe ihrer CURIE-Temperaturen durch äußere Felder hervorgerufen werden. Die Ausnutzung der Rotverschiebung besitzt dabei den großen Vorteil normaler Hellfeldbeobachtung. Vielleicht darf man hoffen, daß die in neuerer Zeit so intensive Erforschung der magnetisch geordneten Halbleiter auch solche Substanzen beschert, deren CURIE-Punkt in bequemer zugänglichen Temperaturbereichen liegen. Die Folge wäre eine Vielzahl lohnender Anwendungsmöglichkeiten in der Mikroskopie.

Literatur

1. Auwärter, M., R. Haefer und W. P. Rheinberger, in: Ergebnisse der Hoch akuumtechnik und der Physik dünner Schichten. Hrsg. M. Auwärter (Stuttgart 1957) S. 22
2. Berek, M., Fortschr. Mineralog. **22,** 1 (1937)
3. Bitter, F., Phys. Rev. **38,** 1903 (1931)
4. Boersch, H. und M. Lambeck, Z. Phys. **159,** 248 (1960)
5. Boersch, H., M. Lambeck und H. Wenzel, Z. angew. Phys. **13,** 548 (1961)
6. Brown, W. F., S. Shtrikman and D. Treves, J. Appl. Phys. **34,** 1233 (1963)
7. Bühler, H.-E., W. Pepperhoff und H.-J. Schüller, Arch. Eisenhüttenwes. **36,** 457 (1965)
8. Bühler, H.-E. und L. Meyer, Zeiß-Inform. **15,** 118 (1967)
9. Bühler, H.-E., Radex-Rundsch. Heft 3/4, 672 (1967)
10. Bühler, H.-E., G. Jackel, E. Thiemann und S. Baumgartl, Prakt. Metallogr. **6,** 279 (1969)
11. Bühler, H.-E., G. Jackel und E. Thiemann, Arch. Eisenhüttenwes. (im Druck)
12. Busch, G. und P. Wachter, Z. angew. Phys. **26,** 1 (1969)
13. Dörfler, G., R. Blöck, und E. Plöckinger, Arch. Eisenhüttenwes. **37,** 375 (1966)
14. Drechsel, W., Z. Phys. **164,** 308 (1961)
15. Drechsel, W., Z. Phys. **164,** 324 (1961)
16. Eckardt, J., Z. angew. Phys. **23,** 103 (1967)
17. Ehrenberg, H., in: Handbuch der Mikroskopie in der Technik. Hrsg. H. Freund. Bd. I, Teil 2
18. Ettwig, H.-H. und W. Pepperhoff, Z. Metallkde. **60,** 277 (1969)
19. Feldtkeller, E. und K. U. Stein, Z. angew. Phys. **23,** 100 (1967)
20. Försterling, K., Ann. Phys. **29,** 809 (1909)
21. Fowler, C. A. and E. M. Fryer, Phys. Rev. **86,** 426 (1952)
22. Fowler, C. A. and E. M. Fryer, Phys. Rev. **94,** 52 (1954)
23. Fowler, C. A. and E. M. Fryer, Phys. Rev. **95,** 564 (1954)
24. Fowler, C. A. and E. M. Fryer, Phys. Rev. **104,** 552 (1956)
25. Gotó, K., Jap. J. Appl. Phys. **4,** 1 (1965)
26. Green, A. and M. Prutton, J. Scient. Instrum. **39,** 244 (1962)
27. Hadley, L. N. and D. M. Dennison, J. Opt. Soc. Amer. **37,** 451 (1947); **38,** 483 (1948)
28. Haefer, R., in: Ergebnisse der Hochvakuumtechnik und der Physik dünner Schichten. Hrsg. M. Auwärter. 123 (Stuttgart 1957)
29. von Hámos, L. und P. A. Thiessen, Z. Phys. **71,** 442 (1931)
30. Heinrich, W. und J. Kranz, Sitzungsber. bayr. Akad. Wiss., Math.-Naturw. Kl. 133 (1956)
31. Hillert, M. and N. Lange, J. Appl. Phys. **30,** 945 (1959); Jernkont. Ann. **143,** 414 (1959)
32. Kessler, H. und W. Pitsch, Arch. Eisenhüttenwes. **39,** 223, 321 (1968)
33. Kirchner, H., Physics Letters **26 A,** 651 (1968)
34. Kirchner, H., Physics Letters **30 A,** 437 (1969)
35. Kirenskii, L. V. and J. F. Degtiarev, Sov. Phys. JETP **35,** 403 (1959)
36. Knosp, H., Z. Metallkde. **60,** 526, 587, 627 (1969)
37. Kohlhaas, E. und O. Jung, Prakt. Metallogr. **5,** 552 (1968)
38. Kohlhaas, E. und A. Fischer, Prakt. Metallogr. **6,** 339 (1969)
39. Kranz, J., Naturwiss. **43,** 370 (1956)
40. Kranz, J. und W. Drechsel, Z. Phys. **150,** 632 (1968)
41. Kranz, J. und A. Schauer, Optik **18,** 186 (1961)
42. Kranz, J., A. Hubert und R. Müller, Z. Phys. **180,** 80 (1964)
43. Kranz, J. und W. Brunner, Z. angew. Phys. **19,** 101 (1965)
44. Mitsche, R., Berg- und. Hüttenm. Monatshefte **107,** 25 (1962)
45. Nilsson, H., H.-J. Schüller und P. Schwaab, Prakt. Metallogr. **6,** 269 (1969)

46. Noskov, M. M., Dokl. Acad. Nauk SSR **31,** 2 (1941); **53,** 5 (1946)
47. Passon, B., Z. angew. Phys. **16,** 81 (1963); **25,** 56 (1968)
48. Pepperhoff, W., Naturwiss. **47,** 375 (1960)
49. Pepperhoff, W., Arch. Eisenhüttenwes. **32,** 269 (1961)
50. Pepperhoff, W., Arch. Eisenhüttenwes. **32,** 651 (1961)
51. Pepperhoff, W., H.-E. Bühler und N. Dautzenberg, Arch. Eisenhüttenwes. **33,** 611 (1962)
52. Pepperhoff, W. und H.-R. Bühler, Arch. Eisenhüttenwes. **33,** 711 (1962)
53. Pepperhoff, W., Naturwiss. **50,** 90 (1963)
54. Pepperhoff, W. und H.-E. Bühler, Arch. Eisenhüttenwes. **34,** 839 (1963)
55. Pepperhoff, W., Arch. Eisenhüttenwes. **36,** 521 (1965)
56. Pepperhoff, W., Arch. Eisenhüttenwes. **36,** 941 (1965)
57. Pepperhoff, W., Leitz-Mitt. Wiss. und Techn. **3,** 215 (1966)
58. Pepperhoff, W. und H. H. Ettwig, Radex-Rundsch. Heft 3/4, 667 (1967)
59. Peter, W., E. Kohlhaas und O. Jung, Prakt. Metallogr. **4,** 283 (1967)
60. Peter, W., E. Kohlhaas und O. Jung, Prakt. Metallogr. **4,** 605 (1967)
61. Piller, H., The Amer. Mineralog. **49,** 867 (1964)
62. Pulker, H. K. und E. Junger, Optik **24,** 152 (1966/67)
63. Roberts, B. W. and C. P. Bean, Phys. Rev. **96,** 1494 (1954)
64. Roth, W. L., Phys. Rev. **110,** 1333 (1958)
65. Roth, W. L., J. Appl. Phys. **31,** 2000 (1960)
66. Schauer, A., Z. angew. Phys. **16,** 90 (1963)
67. Schneiderhöhn, H. und P. Ramdohr, Lehrbuch der Erzmikroskopie (Berlin 1931)
68. Smith, R. and P. Gaunt, Acta Met. **9,** 819 (1961)
69. Sokolov, A., V. Optical Properties of Metals (London 1967) 311 ff.
70. Speidel, R., Z. Phys. **160,** 375 (1960)
71. Suits, J. C. and B. E. Argyle, J. Appl. Phys. **36,** 1251 (1965)
72. Thomas, H., Z. angew. Phys. **17,** 158 (1964)
73. Thomas, H., Z. angew. Phys. **18,** 404 (1965)
74. Tolansky, S., Multiple Beam Interferometry of Surfaces and Films (Oxford 1948)
75. Williams, H. J., E. G. Foster and E. A. Wood, Phys. Rev. **82,** 773 (1951)
76. Yolken, H. T. and J. Kruger, J. opt. soc. Amer. **55,** 842 (1965)

Monographien über Optik dünner Schichten

77. Mayer, H., Physik dünner Schichten. Teil 1 (Stuttgart 1950)
78. Heavens, O. S., Optical Properties of Thin Solid Films (London 1955)
79. Born, M. and E. Wolf, Principles of Optics (London – New York 1959)
80. Vašíček, A., Optics of Thin Films (Amsterdam 1960)
81. Anders, H., Dünne Schichten für die Optik (Stuttgart 1965)

Wissenschaftliche Forschungsberichte

Naturwissenschaftliche Reihe

Herausgegeben von

W. Brügel R. Jäger†
Ludwigshafen Bad Homburg v. d. H.

Nachkriegsbände

Band 59. Die Glaselektrode und ihre Anwendungen
Von Dr. *L. Kratz*† (Mainz)
XII, 377 Seiten mit 77 Abb. und 20 Tab. 1950. Ganzln. DM 44,—

Band 62. Einführung in die Ultrarotspektroskopie
Von Dr. *W. Brügel* (Ludwigshafen)
4. Auflage. XIV, 426 Seiten mit 200 Abb. und 37 Tab. 1969. Ganzln. DM 80,—

Band 64. Einführung in die Mikrowellenphysik
Von Prof. Dr. *G. Klages* (Mainz)
2. Auflage. XI, 279 Seiten mit 135 Abb. 1967. Kunststoff DM 29,—

Band 65. Temperaturausstrahlung
Von Dr. *W. Pepperhoff* (Duisburg-Huckingen)
XI, 281 Seiten mit 166 Abb. und 26 Tab. 1956. Ganzln. DM 39,50

Band 67. Das Licht im Grundsystem des Kohlenhydratstoffwechsels
Ein Beitrag zur Chemie des angeregten Wasserstoffes
Von Geheimrat Prof. Dr. mult. *R. Schenck*† (Aachen)
XIII, 136 Seiten mit 19 Abb. und 16 Tab. 1960. Ganzln. DM 38,—

Band 68. Einführung in die Halbleiterphysik
Von Prof. Dr. *H. A. Müser* (Frankfurt a. M.)
XVI, 237 Seiten mit 35 Abb. und 2 Tab. 1960. Ganzln. DM 43,—

Band 70. Einführung in die Ramanspektroskopie
Von Prof. Dr. *J. Brandmüller* und Prof. Dr. *H. Moser* (München)
XVI, 515 Seiten mit 193 Abb. und 72 Tab. sowie Tab.-Anhang. 1962.
Ganzln. DM 94,—

Band 71. Felder, Ströme und Aerosole in der unteren Troposphäre
Nach Messungen im Hochgebirge bis 3000 m NN
Von Dr. *R. Reiter* (Farchant/Obb.)
XXIV, 603 Seiten mit 217 Abb. und 50 Tab. 1964. Ganzln. DM 182,—

Band 72. Das Strahlenklima der Erde
Von Prof. Dr. *R. Schulze* (Hamburg)
XI, 217 Seiten mit 108 Abb. und 36 Tab. 1970. Ganzln. DM 66,—

DR. DIETRICH STEINKOPFF VERLAG · DARMSTADT

MIX
Papier aus verantwortungsvollen Quellen
Paper from responsible sources
FSC® C105338

If you have any concerns about our products,
you can contact us on
ProductSafety@springernature.com

In case Publisher is established outside the EU,
the EU authorized representative is:
**Springer Nature Customer Service Center GmbH
Europaplatz 3, 69115 Heidelberg, Germany**

Printed by Libri Plureos GmbH
in Hamburg, Germany